大是文化

麥肯錫：在哪工作就在哪成長

GROW WHEREVER YOU WORK

STRAIGHT TALK TO HELP WITH YOUR TOUGHEST CHALLENGES

目前的工作面臨挑戰或陷入瓶頸，
該轉向還是堅持？**從徘徊到篤定，**
你該這麼做。

麥肯錫顧問公司榮譽董事
喬安娜・芭爾許
（JOANNA BARSH）——著
李宛蓉————譯

CONTENTS

第二章

管理壓力，轉化成一種興奮劑 061

第三章

犯下大錯時…… 087

第六章 與辦公室惡棍共事——上班痛苦根源之二 169

第十一章 逆境的定義 309

第十二章

目前的工作不再有吸引力，我該轉向還是堅持？ 337

結語

推薦序一

第一次讀到這樣的麥肯錫，有溫度的實用主義

第二曲線學院創辦人／洪雪珍

在書市裡，每隔一段時間，就會上架一本名字掛著「麥肯錫」的書，我到博客來輸入「麥肯錫」三個字，一秒後跳出五百八十八本書，看來不久之後就會大破六百本！（按：此為初版時資料，二〇二三年四月已經超過七百八十本。）如此驚人的出書量，讓讀者不斷的掏錢買單，證明麥肯錫的思考、分析及解決問題的方式有口皆碑、務實可用，這何嘗不是大家一起用閱讀行動，向這家管理顧問公司致上最高的敬意！

過去，麥肯錫系列的書幾乎都屬於實用型，在職場碰到什麼困難，就按圖索驥，很快可以找到一本合適的，對症下藥，成效明顯，這也是麥肯錫系列書籍暢銷或長銷的原因。

不過，你現在手上拿的這一本有些不同，比起其他麥肯錫相關書籍推崇理性與實用，這本書難得多了些人的溫度，它也分析問題、提供建議、列出一二三步驟，特別的是它還帶著你緩步走向內心探索。

若要講求效用，這本書會更有功效，因為不論是職場或人生，遇到的每個問題都是一面鏡子，反映的是我們這個人，一旦認識自己，很多問題自然迎刃而解。

這種書寫特質，跟作者喬安娜・芭爾許是女性有關，她擁有超過三十年的工作歷練與歲月厚度，也參加諸如「挺身而進」這類女性組織，所以這本書談的都和心理難題有關，不像其他麥肯錫系列教人思考力、筆記術或做簡報的技巧等，而是教人在遇到一些很痛、卻叫不出聲的職涯問題時，怎麼分析自己、整理自己，繼而重新出發，獲得學習與成長。

因此，這本書讀起來，還是有麥肯錫典型的實用主義，但是多了些被理解之後的療癒，不是那麼商業管理風格，更多的是心理觀照的角度。

像是生涯主題，若你一直找不到自己的天命，對人生方向感到茫然；或是工作一段時間之後，喪失熱情；或是想要換工作，卻害怕找到的還是不滿意……這些讓很多人每天都在困惑、沮喪的人生大哉問，由具有麥肯錫背景的作者芭爾許來談，不僅跳脫坊間心靈書籍的空泛抽象，還照亮一條可以大步前進卻不致撞牆的道路。

再來像是工作壓力，芭爾許分析壓力來源，有的是工作本身，比如工作性質或工作量大；有的是成長壓力，因為剛接手新工作、或剛轉換跑道，都需要一段時間爬過陡峭的學習曲線；但還有一種壓力是自己給的，也就是當自己是最大的壓力來源時，芭爾許教人設立界線，以及懂得何時認輸、何時放手。

在摸黑前進，還看不到曙光的深長隧道裡，誰不會自我懷疑？這時候，芭爾許會堅定的告訴你，自我懷疑是一條危險的路，並且要求你馬上改變跟自己對話的內容，從問「我能嗎」變成「我要怎麼做」，不要任由自己耽溺在自我懷疑裡，而是轉移注意力，離開這條危險的路，立即展開行動，改寫這場棋局。

不過，我個人最欣賞的，還是芭爾許的無用之大用，不時跳脫麥肯錫的實用主義，告訴讀者一些饒富深意、像詩一般的話語，比如：「你可能擁有一切，卻不可能長久留住一切。狀態顯得平衡，感覺近乎完美——但只是暫時如此。」說的無非是人生無常，也是芭爾許三十年職涯的體悟。當你能悟得這層道理，順著生命的河流前進，反而可以隨遇而安，得到寧靜與力量，問題將不再是問題。

第一次讀到這樣的麥肯錫，有溫度且柔軟的實用主義，我喜歡！希望你也喜歡，這本書能幫你勇敢面對職涯中的各種困境與難題。

推薦序二

別等到決定離職後，才想到要開始經營人脈

先行智庫執行長／蘇書平

未來你的工作可能會無預警消失，老闆也可能無預警換人，新的工作型態就是隨時要有迎接新挑戰的心理準備。但很多人面對這些新的變化，往往不知道該如何應對，同時還可能帶來許多心理壓力和焦慮感，所以很多人常常因為這種常態性的工作和心理變化，搞得生活一團糟，但如果你可以克服這些挑戰，就會得到成長的機會。

《麥肯錫：在哪工作就在哪成長》透過真實的案例分享，讓我們可以針對現代職場常見的十二種工作挑戰，例如職場政治或工作壓力等，學習如何有效解決這些職涯困境。

未來當你在職業生涯中遇到類似問題，可以透過書中建議的方式，簡單的拆解與歸類問題，試著找出哪些因素是暫時性的？哪些因素是長期性？另外哪些問題是你自身能控制的？還有哪些是你無法掌控的？透過這四種維度的思考方式，可以更了解自己是否適合現在的工作或是公司，你也可以透過這樣的方式重新問自己，是否應該重新培養新的工作能力，讓自己有辦法面對長期

性的工作變化與挑戰。

其實在未來，工作的變化只會越來越快，你會發現很多過去擁有輝煌歷史的公司，因為無法因應趨勢或數位科技的變化，而逐漸被市場淘汰。每個人待在同一個工作崗位的時間越來越短，所以你也必須隨著公司的變化，隨時調整自己的工作方法，並提升自我能力。未來換工作的頻率也會因為上述問題，讓我們更換的機會比上一代還多。

面對這些不確定因素，最好的方法就是利用書中提到的，重新啟動你的人際網絡，請不要等你決定離職後，才想到要開始經營自己的外部網絡。因為有時候人生的轉捩點，往往發生在這些令你意想不到的人際關係與事物裡。

我們出社會後，接觸的人越來越類似，我們可能只和公司同事，或者和從事類似工作的人交流。這樣的人脈關係，會讓你慢慢掉進思考的盲點。面對未來最好的方式，就是勇敢接受工作挑戰，並有效管理這些風險，本書的實務經驗，提供了我們最好的解決方案。

推薦序三

與職場難題正面對決，你才能夠好好過生活

《經理人月刊》總編輯／齊立文

關於工作，我最常聽到兩個乍聽之下言之成理，仔細尋思卻有點矛盾的說法。第一個是：「我好希望可以不要工作。」然而你我都知道，一想到工作，尤其是在長假過後或星期日晚上，我們固然會哀怨的叫喊兩聲「不想上班」，但是我們也都心知肚明，如果一個月、兩個月、半年或一年沒工作或找不到工作，心裡只會更慌、更苦。

所以，上班不會淨是遇到快樂的人事物，但是當你想上班卻沒機會時，或許你會開始「渴望就業」。

第二個是：「我希望工作和生活能夠『平衡』，甚至徹底『切割』。」大部分人的人生都是由「工作、生活、睡眠」這三個大區塊構成，不過這三者之間，其實非常難一刀劃開。更常見的情況反倒是：工作做不好，你得加班熬夜、睡不好；一旦不喜歡工作內容或環境，你會懷疑人生的意義；早上不想起床、不想出門上班，週末狂睡卻越睡越累，讓工作、生活、睡眠形成一

個惡性循環。

你的困境，很多人都曾遇過。

這本書，就是試圖解開「工作與人生」這道難解的習題。當你工作卡關、人生陷落時，如何才能擺脫行為與思維的癱瘓，採取行動、做出改變。

作者喬安娜・芭爾許在麥肯錫顧問公司工作許久，不過書中內容並不是分享「麥肯錫人」對於工作課題的建言，而是訪談了數百位橫跨不同產業、不同族群的專業工作者，分享他們的人生故事，從他們走過的路，而且多半是錯誤的路當中，學習他們如何從失敗挫折汲取經驗教訓、自我改善與修正，最終開啟順遂的職業生涯。

閱讀本書時，建議你先翻到目錄，相信不管你正處在職涯的哪個階段，你一定能夠從作者涵蓋的十二個主題裡，找出召喚你、反映你心情的主題：工作沒熱情，不知道自己適合做什麼；工作壓力好大，身心快要承受不住了；工作出包，我會不會被看輕、被開除；很努力工作，考績卻很差；團隊帶不動；辦公室裡的壞老闆、壞同事，讓我心力交瘁；職場的貴人、導師，好像不是那麼好找；想要做一些不被看好、不符旁人期待的事；想要挑戰艱鉅的任務；工作、家庭、生活，沒一件事情順利；現在這份工作再也待不下去了，換還是不換好？

如果你正身處其中的一個或多個疑慮和處境，那麼你會在書裡找到「同病相憐」的人，他們都曾經苦不堪言，最後因為改變想法或做法，人生豁然開朗。作者針對每一個主題，都分享五、六個真實案例，先描述困境，再引導你換個角度看待事情，最後提供具體的突破方法。

好看的故事書，實用的工具書

你可以把這本書當成「故事書」，因為書裡有超過六十個案例，可以看到許多人的人生經歷。其中有些可能會讓你會心一笑，因為你也走過相同的路；有些則可以幫你未雨綢繆，讓你在未來遇到類似狀況時，能夠從容因應。

你也可以把這本書當成「工具書」，依照碰到的問題按圖索驥，給陷進難題的自己一些冷靜、客觀的建言。你一定用得到這本工具書，因為就算你現在日子過得順風順水、風平浪靜，身邊總會有朋友正在為工作所苦、為主管所困。你可以翻到對應的主題，提供他們即時的建議，也再次提醒自己，如何有方法的，因應人生與工作面臨的各種挑戰。

推薦序四

那些在職場上無往不利的黑馬們，到底贏在哪裡？

知名臉書部落客／職場黑馬學

很多新鮮人剛踏入職場的時候，懷著滿腔熱血，有著堅定的目標：努力工作證明自己的價值，或升職加薪，或跳槽到知名企業，早日成為人人稱羨的「人生勝利組」。

然而，理想總是如夢境般美好又易醒，職場的現實發展正如一記記耳光，要我們認清現狀、認清自身的能力邊界……直到我們為了避免失望，而放棄了所有期望。

- 或許你很努力工作、早出晚歸，卻始終在底層徘徊，面對日復一日繁瑣的工作，你開始失去熱情，得過且過？
- 又或許你成為人們口中「年輕有為的精英」，每天出入頂級的辦公場所，張口閉口都是數億元的項目，有朝一日突然失去公司給你的光環，才赫然發現那些所謂的人脈、資源和資本遊戲，通通都和你沒有關係，這時你才要開始認真思考，什麼才是你自身的價值嗎？

●又或許你勤懇的努力工作到中年，終於熬出頭，有機會升到公司高層，卻半路殺出個程咬金，讓空降來的年輕人成為你的頂頭上司，無法接受這個現實的你，萌生了離職的念頭。但是離職後，你依舊不知道自己的天地在哪，該前進的方向是什麼？

諸如此類的職場困境還有很多，上述幾種情況只是工作百態中的冰山一角，為什麼在職場打滾越久，迷茫和困惑卻越來越多？我們努力付出、努力學習，卻始終不知道關鍵在哪裡？

而反觀另一群人，應該說是在職場上無往不利的那群黑馬，他們早早實現了令人稱羨的財務自由，開始做著所謂「不追求錢」、只為實現自身理想的事業，他們在工作上不光有著出色的表現，即使離開公司的保護傘、自己出來創業，也常有「貴人」相助，這一切的根本原因到底是什麼？

我由於自身的工作經歷比較特殊（臺灣四家知名品牌外商的經歷，及中國互聯網圈、行銷圈的經驗），有幸能常與這些「無往不利的黑馬」交流探討，而當我讀到這本書時，就認定這是職場人都應人手一本的職場攻略，不光是因為在工作時，的確面臨過本書提到的每一個問題，更是因為這本書闡述的諸多理念，與那些「無往不利的黑馬們」所奉行的職場準則，竟然驚人的相似！本書以更為「系統化」和「情境化」的內容，帶領讀者跳脫思維上的框架，進行一次「深度思考」。

本書清楚的陳述職場上需要面臨的兩大課題：「人」與「事」，面面俱到的提出思考方向，以及面對狀況時的心理素質。我相信，沒有人能精通所有的工作，都得學會接受自己的不完美。當你在工作上遇到過不去的人與事，除了虛心求教，也可以找到與你的問題相對應的章節，看看喬安娜．芭爾許的建議。

從學校畢業之後，就是就業考驗的開始，你必須了解自身的價值，同時將自己訓練成海綿，不斷的自主吸收，進而在工作中成長，才能在職場上無往不利，成為百戰百勝的那匹黑馬。

最後的總結：這本書，值得每一位想要成為職場黑馬的人一讀再讀。

導言

在哪工作就要在哪成長，我拒絕虛度年歲

天曉得是從什麼時候開始，鍋爐室的排水孔咕嚕咕嚕的不斷冒出髒水來。嘉碧和尼克已經工作一整天，兩個人累得半死，晚上十一點左右才回到家，他們小心翼翼的走下樓梯，來到家裡的地下二樓，發現到處都是水。嘉碧回憶道：「一開始我先聞到怪味，然後看見那些放重要文件的箱子，全部都泡在水裡面。我想也沒想，就脫鞋子踩進水裡，可是箱子太重了，根本搬不動。」她大聲叫尼克過來幫忙，不料尼克卻不肯下來，還嚴肅的要嘉碧什麼都別碰（說得太晚了），要她打電話給大樓管理員就好。接下來他們開始指責對方，很快就變成口不擇言的辱罵。嘉碧含淚打電話給媽媽，尼克則撤退到安全的樓上，也打電話給自己的老媽，可是兩位老人家都愛莫能助。

嘉碧心慌意亂，接著打電話給大樓管理員，對方卻不幫忙、拒絕立刻過來查看狀況，只說那肯定是下水道的汙水。他還用「算我特別幫妳好了」的語氣，表示明天會安排水電師傅過來修理。這麼一來，嘉碧只好重新安排第二天的事情，在家裡工作，還不曉得老闆會不會答應呢。這天晚上她輾轉難眠。

第二天早上，嘉碧給上了年紀的水電師傅哈里斯開門，他打包票說：「我做這一行超過三十年啦，這裡修好後，就會跟新的一樣。」然後哈里斯輕輕鬆鬆的搬走箱子，一邊吹口哨、一邊工作。總算如他所言，地下室煥然一新，至少眼前看來如此。

職場上的挑戰也和這個例子一樣，常令人措手不及。有個軍事用語叫做「VUCA」，由四個字縮寫組成，分別是易變（volatile）、不確定（uncertain）、複雜（complex）、模糊（ambiguous）。VUCA這個詞最初用來形容極端的軍事情勢，後來被應用到企業界，如今已經成為新常態。

你的工作可能會毫無預警的消失，頂頭上司也可能毫無預警的離開。工作上的合作夥伴也許遠在世界的另一頭——早上九點對方要找你說話，卻是根據他們當地的時間。大家都有更高的期望，同事比以往工作得更賣力，而你的工作挑戰也比以往更大、更艱難。

挑戰會加劇焦慮與壓力？沒錯。挑戰會耗損你的精力？確實。如果不妥善應付，挑戰會造成長期傷害？十分正確。這些聽起來耳熟嗎？

工作充滿艱難的挑戰，而你覺得自己還沒有準備好。克服挑戰很可能需要難以開口的溝通技巧、新技術，以及你尚未擁有的技能，更糟糕的是，恐懼與這些一起伴隨而來，於是你同時面對挑戰與恐懼，意志力益形薄弱，最終淪落到叫天天不應、叫地地不靈的窘境。可是，故事還有另外一面。

假如你成長了，更有能力克服挑戰，工作更有生產力，而且享受到更多樂趣，那會是什麼樣的景象？如果它能夠使你更能幹，想必你會欣然擁抱挑戰、歡迎它的到來。只要擁有正確的心態、方法和工具，你將發現這些過程會激發你的興趣，使你全心全意的投入，並且更能刺激創意思考。

我們改變一下觀念：**挑戰並非警示著危險，而是天賜良機，促進更快速、更聰明的成長。**

本書描述的挑戰，來自我從二〇一五年開始進行的研究。我以麥肯錫顧問公司（Mckinsey & Company）資深合夥人的身分，創立一項「執中領導力計畫」（Centered Leadership Project）[1]，為了接續這項計畫，我想要把相關的領導論述，量身打造成適合職業生涯中期的專業人士所用。

為此，**我訪談兩百多位傑出領導人，他們都是《財星》（*Fortune*）雜誌公布一千大企業中，前途不可限量的新興領袖。**此外，還有新創公司的創辦人、非營利組織領袖、政府高官、藝術家、演員、學者、新聞記者、教師，以及大企業之外的其他人士。

參與這項計畫的人員，在一百二十家不同的公司服務，投身的產業與職位五花八門，而且身分和所遇到的對象皆不同！他們的背景和職業生活一樣多采多姿，將近四〇%是有色人種，出生地不在美國或者父母是移民，算起來總共來自四十多個國家。這些優秀的參與者很坦然、很大方，分享著他們個人和專業上遇到的挑戰。總體來說，他們貢獻出自己的第一手經驗。

你不需要喜愛本書的每一個人物，也不必模仿他們，其實你很可能會討厭其中一些人。我描

1 中國譯為「正念領導」。

寫他們的故事，不是為了博得讀者的同情或理解，而是他們的情況可能對某些人有所幫助——也許那個人就是你。

順道一提，由於本書中許多人物都要求匿名，所以我更改他們的名字和情境。但這本書裡的每則故事都是真實、完全沒有更改過的。本書人物都在倡導一項深刻的真理：**你並非拋開挑戰而成長，而是因為挑戰而成長**。這些故事強調五大主題：

- 準備周全，事半功倍。培養好技能和應付挑戰的知識之後，就比較容易克服挑戰。你不見得總是那麼幸運，不過做好周全準備、應付挑戰，確實是成功的關鍵因素。
- 提問能助你一臂之力。思考很重要，卻不是你想的那種思考。本計畫的參與者強調反思、追尋靈魂和夢想的重要。**提問題（格局很大的那種）**是有益的生活實踐，讓你將這些思考融入日常生活中。
- **找人談談有好處**。和你的主管、贊助人、同事、工作夥伴、人脈成員談，有助於釐清問題，因此這是件好事。互動創造新能量，正是你所需要的。
- 採取行動前，先正向思考。如果抱持著潛伏、打探的心態，很可能會限制自己。你可以秉持自我意識，選擇保持現狀或是改變。哪怕再想改變，如果什麼都不做，也不可能發生變化。你要有意識的改變心態，這樣感受就會隨之改進，就算後果無法盡如人意也無妨。
- 循序漸進能促成行動。**每次前進一小步**，可以幫助你從嘗試與錯誤中驗證自己的方法，強化新的心態與行為。循序漸進降低風險，萬丈高樓平地起就是這個道理。

讀者將在接下來的十二章中，讀到十二個職場挑戰，形式大概如下：我會先簡略介紹一下每個挑戰，然後分享幾則真實故事（故事講完後，有時我會用「然後呢」這個問題作為答覆），最後建議可以採取的相應工具、實務與行動。各位讀者在閱讀過程中也在參與，你有自己的觀點、決定實踐什麼。誠如一位參與者所說：「我已經受夠了學校的教法，不想再被別人牽著鼻子走。讓我自己下結論吧。」這句話說得真對！

你可以隨意的利用這本書。在職業生涯中，每個人肯定會遭逢這些艱難的挑戰，而且絕不只有一次。你可以從頭開始讀起，也可以就自己眼前正面臨的最迫切的挑戰，找到相應的章節開始閱讀。

不妨把我想成你的嚮導吧。我長期協助企業應對策略、營運、組織各方面的挑戰，資歷超過三十年。我曉得如何架構問題、分析數據、做成結論、提出建言，也知道如何訪談與專注聆聽，這些正是本書故事的基礎：主人翁面對問題之後的「然後呢」，以及我的忠告。

如果你已經擬定好自己的人生計畫，我自然尊重你的決定，而且會感到再開心不過，這本書是為所有敞開心胸、懷抱好奇、迎接最艱難職場挑戰的人所寫。我希望你是其中之一，希望你體驗工作、迅速成長，最要緊的是，立大志、成大業，這樣就不枉費讀這本書了。

如果你正處於事業生涯中期、或是更晚期，就沒有時間逐一琢磨五大主題：準備、提問、討論、表達意向、循序漸進行動，這時候你的經驗、技能、知識將是天賜的禮物。只不過，你也該嘗試用新的角度去看待這些資源。

切記，如果你提相同問題、做相同事情，也將得到相同的結果，這可不是你想要的。我們的世界嚴重欠缺所有層級的領導能力，少了你的協助，就無法彌補上這截落差。請選擇你能施展才華的地方，並且立刻行動。我保證，我的嘮叨到此為止，接下來就要進入主題，提供鞭策，只講事實！

第一章

對工作喪失熱情，徘徊也是種選擇

有的人——爸媽、老師，或是最要好的朋友會給你忠告，要你走上正軌，然後就好好待著、不要離開。於是，你在高中拚命讀書、考上最好的大學、拿到最好的成績、爭取到最好的工作。然後，你辛苦工作並獲得升遷，每次一達到新的里程碑，就訂下一個目標。這條路當然很好，可是並非所有人都適用。

艾蕾克絲順著自己的好奇心，主修宗教，包括去千里達（Trinidad）[1]跟隨一個真正的靈媒學習。畢業之後，艾蕾克絲找不到工作，於是開始當家教。很幸運的，那個學生的家長對她讚譽有加，決定給艾蕾克絲一個機會。他幫艾蕾克絲找到一份營業員的工作。

大好消息，是吧？可惜情況發展不如人意。幾個月後，艾蕾克絲開始害怕這份工作，但她依然沒有行動：

「我男朋友和爸媽都說我的情況有點怪，可是我不敢承認。證券經紀雖然能賺大錢，可是我討厭不安全感，這讓我每天都有那種感覺。我不曉得自己賺不賺得到足以果腹、租房子的錢，也非常害怕失敗。公司規定，如果兩年後依然還不起預支佣金，就必須辭職走人。當我亂槍打鳥式撥打推銷電話時，根本不曉得說話的對象是誰，每次我都很害怕，驚慌之餘只好趕緊掛上電話，整個人虛脫無力。我不想打那些推銷電話，這簡直沒完沒了。」

那一年艾蕾克絲瘦了二十七公斤，每天上班前都會吐一場，尤其以星期一最糟糕。即便如此，她依然沒有撤退，因為她害怕讓獨排眾議錄用她的主管失望。直到人力資源主管詢問艾蕾克絲，她才恍然大悟，原來公司早就有她想從事的工作——只不過是在別的部門。艾蕾克絲又花了幾個星期的時間，才鼓起勇氣申請調動，後來果真如願以償：

「我告訴主管自己要離職時，他對著我咆哮。我跑去洗手間大哭一場，那是我人生中最漫長的一年，離職後我睡了整整一個星期！接著直接進入水深火熱的新崗位，但現在我覺得自己的職位十分重要，是隸屬於一個團隊，不像過去那樣有不被需要和多餘的感覺，我不需要再假裝了，恐慌症也消失了。一個月後，我才不再害怕工作；三個月後，我開始熟悉這份工作；六個月之後，我才真正安頓下來。從此以後，我的世界又恢復成色彩繽紛的樣子。」

如今艾蕾克絲仍然在證券經紀業工作，不過換到另一家公司。她對新職務有了好奇心，打算去念企管碩士，以便探索自己的新興趣。

我們努力工作，除了獲得薪水，同時也累積技能與經驗。然而，如果缺乏內在動力，那麼，有朝一日我們發現自己欠缺一樣東西時，將會面臨殘酷的命運——那樣東西就是熱情。

沒有人想走一條死路，所以我們現在就該清醒，問一問自己。如果沒有熱情，人們就覺得若有所失。每天早上我們盯著鏡子思索：為什麼我痛恨這份工作？在心裡鞭笞自己，感到焦慮的同時還怕老闆知道，我們找藉口，工作過量、病得要死，還要擔心工作以外的事情。

有些跡象可以透露你的工作熱情正在流失：感覺無精打采、欠缺正面情緒、不是真正在乎自己在做什麼。簡單來說，你對這份工作不感興趣，不過這只是警示訊號，並非人格瑕疵。除非你

1 位於中南美洲的島國。

找到自己的志向，否則工作熱情只是空談。志向會鞭策你、帶給你最深刻的成就感，使工作充滿意義[2]。而這一章的故事能指引你正確的方向：

- **你要問哪些問題，以便找到自己的志向**？這個過程不見得令人愉快或有樂趣，不過納薩尼爾靠著這趟探險，藉此發現真正想要從事的工作。
- **如果入錯行了，該怎麼辦**？索菲體認到自己入錯行，她靠請教別人來指點迷津，找到自己需要的幫助。
- 你怎麼知道自己找到志向？有時候追尋志向需要開放的胸襟，這正是維克多面對的挑戰。
- 如果熱情與自身有關，與工作的關係不大，該怎麼辦？克莉絲汀決定要闖出一番成就，但是滿溢的熱情卻與她選擇的工作無關。
- 當自我質疑令你裹足不前時，如何將願景化為行動？凱薇塔一直知道自己有發明的天分，可是自我懷疑太深，以致無法真心投入。

我不清楚你的想法，可是我自己早就厭煩關於熱情的膚淺言論。說老實話，**熱情並非工作的基本要求**，假如你沒有強烈的衝勁也不打緊，**只要對學習和成長有興趣**，就算得上有努力的目標，這就夠了。

話又說回來，如果你急切的想要開始或重新開始追求志向，那就放手去做，追求本身也會創造正面能量；慢慢來，好好體會這項過程，不妨也藉此探索非營利組織、新創事業，還有工作以外的興趣。相信機緣、嘗試新的事物，直到出現令你重新煥發能量的東西為止。

值得高興的是：**一旦你開始朝自己的志向前進，熱情將會自動找上門來。**

2　我不想老王賣瓜，不過如果讀者想進一步了解志向和立定志向，也許我寫的上一本書《執中領導力》（*Centered Leadership*）會有幫助，透過書中詳細解說的練習，你可以引導自己進行探索。

01

對工作感到不滿，那就先想五年後的模樣

如果你對工作不滿，那麼危險的不是離開這份工作，而是再保持現狀下去，五年之後會發生什麼事？

父親心臟病過世的那年，納薩尼爾才十二歲，他不得不快快長大。當年他沒料到的是，自己將來會選擇和父親一樣的工作——指導年輕人找到他們重視的工作：

「我大學時選修過一門談永續概念的課，當時艾爾．高爾（Al Gore）[3]的那本書[4]都還沒出版呢。我對那門課像著了魔般的入迷，選修許多其他系的課程，打造了自己的主修學位，我替它命名為『全球人類衝擊研究』（global human impact studies）。

「大學畢業之後，我到一家全公司只有一個人的永續顧問公司上班。後來才發現我錯了，因為它經營不到六個月就倒閉。我喪失衝勁，一切又回到原點。」

從零開始比納薩尼爾預期的更困難。接下來的兩年，他的求職路途相當曲折：

「我像機器一樣拚命工作，白天我找得到什麼工作，就做什麼工作，晚上則寫獎學金申請書。我記得有次應徵賣保險的工作，面談時我告訴主考官，自己對永續概念十分有興趣，對方說：『那你到我的辦公室做什麼？』我大聲回答：『我不曉得。』於是便站起來走掉。真慘！

「最低潮的時候，我面臨的是所謂的『荒原期』（the wilderness）。夜裡只有我獨自一人和一臺筆記型電腦，不清楚付不付得起房租，也懷疑自己究竟在做什麼。我覺得自己瘋了，心想：『到底要怎樣才能賺錢？』沒有信心、口袋空空，萬一發生最壞的情況，日子真的過不下去時，我還能厚著臉皮開口向母親要錢，可是這對解決問題毫無幫助。

「這時候我發現，其實最壞的情況已經發生，我已經偏離軌道。既然如此，乾脆什麼也不要顧慮，然後去做件大事情。沒有錢的窘況幫助我做好準備，使我意志堅韌，這些好處日後逐漸顯現出來，因為我最突出的強項是尋找出路、隨遇而安的能力。」

接下來的兩年，納薩尼爾學習如何成為創業家，他也弄清楚自己熱愛創業：

「我邀兩個朋友一起加入創辦人的行列，有個能加速創業（accelerator）的組織接受我們，那裡有導師協助塑造願景。我們成立的新公司是任務導向的招聘公司，可是我們一直在探索，看能否

3 美國前副總統，之後成為一名環境活動家。
4 此指的是《不願面對的真相》（*An Inconvenient Truth*）。

成為負有相同任務的軟體公司。在新創公司上班，有高潮也有低潮，壓力很大，永遠都在競爭，和其他工作都不一樣。

「四年之後，有人打電話來邀請我加入大型的政治選舉活動，我也接受了。原先的一個共同創辦人離開公司，去實現那個軟體公司的點子。於是，公司只剩下一位共同創辦人，他留下來擔任執行長。在未來，我希望有一份感覺不像工作的工作。」

那場選舉結束之後，納薩尼爾加入一家規模更大的新創公司，任務是為自己的夢想添加柴火，激發人們的潛力。

我想像五年後的樣子，然後呢？

脫離傳統的路固然引你朝自己的志向邁進，然而誠如納薩尼爾指出，這麼做也會讓你踏進荒原，展開冒險。如果你才剛出社會，風險不算太大，可是萬一你已經處於事業生涯的中期？這會不會太晚了？其實永遠不嫌晚，一小步、一小步循序漸進的走，不但能滿足你的好奇心，同時也能降低風險。

好奇心促使你提出問題，而宏觀的問題則會激起反思，使你更接近自己的志向。納薩尼爾所提的問題是：「我想要做的是什麼？或者，想要擁有更多的什麼？願不願意為了那個東西去冒險？拖累我腳步的是什麼？是不明白自己要什麼，還是鼓不起勇氣放手去做？」相信這些問題肯定都讓你不自在。

不然，來想想替代選擇。假如你對工作不太滿意，那麼危險的不是離職後將何去何從，而是如果繼續待在原地五年甚或更久，到時候會發生什麼事？如果想像中的情景很不錯，那目前你還滿意你的工作內容；萬一想像後情景不妙，那就該開始探索了。納薩尼爾說：「如果你要進入荒原旅行，就必須接納風險。面臨一些危險是OK的。」出外露營時你會做好準備，以應付意外事件；工作也不例外。

設法發揮你的力量、嘗試新的事物，這樣才能更了解自己。你舉手發問或作答，不表示你是野心勃勃、不計任何代價爭先出頭的討厭鬼；這表示你迫切想要學習與貢獻自我。即使你最後還是決定留在這家公司上班，特別是繼續待在原先的工作崗位，新的挑戰也會點燃你的興趣。

重新將工作設定為冒險，透過不同視角去想像，任何事情都可能發生。**你今天冒過什麼小風險？你學到了什麼？**如果答案是「沒有」和「什麼都沒學到」，那代表你已經錯過一些機會了。

並非人人都渴望身歷奇險，不過那些**更接近個人志向的冒險活動**，會使你的人生更值得回憶，並且津津樂道。

02 職業非我所愛，怎麼辦？

我們盡全力取悅他人、爭取別人接受。假如這麼做，
能夠幫助你探索自己想要和不想要的東西，那麼沿著這條道路走，也沒有什麼不好。

索菲打從五歲開始學踢足球，決心要在這方面出人頭地，因為她深愛這項運動。索菲的姊姊是腦性麻痺兒，所以她培養出善解人意、同情別人、鍥而不捨的性格。然而就讀大學時，索菲為了追求成功，所訂下的一系列策略，卻出現一條細微的裂縫：

「大學時，足球像是全職工作，令我深惡痛絕。我威脅要離開球隊，但教練勾起我的罪惡感，於是我只好留了下來。大四那年我上場比賽時，某個隊友犯了錯，教練卻把我叫下來。身為隊長的我只能在場外坐冷板凳，感到憤怒和無力。

「我之所以發怒，是自認為沒有做錯，但我無法說服教練。本來我可以把事情處理得更好一

點，問題是我沒有盡力去做，沒有嘗試改變自己的行為。於是我不再那麼熱愛足球了。」

索菲畢業時，那條裂縫變得更寬。她進入一家金融服務公司，表面上又是堅持、努力不懈的樣子，但私底下毫無興趣：

「我沒有在大學找到能夠啟發我的好模範；畢業後，我又接受一份自己不想要的工作。我的父母一直知道自己要做什麼，爸爸矢志攻讀法學，媽媽一直熱愛金融和賺錢。我也想套進那個模式，卻一事無成，我做的一切都沒有意義，和大學足球也沒有兩樣，**我沒有志向。我卯足全力做了一年，可是工作卻毫無起色**。

「我媽看出我在她熱愛的領域裡苦苦掙扎，便介紹一位她的朋友給我，希望對方能指點我。那位女士建議我走新聞業，我在金融公司上班時，**唯一樂意做的事情**就是寫研究報告。我一向喜歡寫作，以前也曾經想過從事新聞報導這行。」

於是，索菲開始一段為期六個月的旅程。這位導師替她接洽三個人，接著她去拜會這些人，詢問對方的工作性質是什麼？喜歡這份工作的哪一點？每天的例行任務有哪些？他們的回答幫助索菲最後選擇廣播新聞：

「我聯絡一個熟人，因為他有朋友在聯播網上班，然後那個人又介紹其他人給我。接下來那幾個月，我每星期訪問一位人士，每次都學到一些東西，正好為下次的採訪做準備。

「後來，我發現自己想去某個地方實習，為此又訪問十幾個人，而對方竟然認為我可以勝任那份工作，實在是太仁慈了，因為我根本毫無經驗！」

最後，那家公司總算給索菲一份實習工作，時薪不高、福利也沒有保證。即便如此，索菲仍毫不猶豫的接下這份工作，幾年之後，她曉得當初做了正確的選擇：

「我跑到第一條獨家新聞時，真的很激動！它證明我會把這份工作做得很出色。那天是星期五，我得知一條獨家消息，於是我開始打電話探聽，後來某個助理回了電話，證實這個消息是真的。我是第一個得到證實的記者，感覺太棒了。

「原來我比自己想的更聰明，可以做到我想要做的任何事情。如今我已經完全掌握自己的命運，再也不接受否定的答案！」

幾天之後，索菲得到一項令人羨慕的任務。人生中偶爾會發生這種情況，索菲突然變得好運亨通，事事順心。

對目前從事的工作沒興趣，然後呢？

幾次錯誤的轉折，導致索菲乾脆轉行，等到轉行後，她的工作熱情從零飆升到八十。除了這點外，她的自信心也增加不少。索菲透過**請教別人指引迷津，來發現自己的需求**，一開始是向一位導師請益，接著又把觸角延伸出去。有趣的是，她一直對新聞報導有些興趣，只是從來沒注意到罷了。

一開始她忍耐的做那份工作，但那份工作不符合她的志向。後來索菲藉由釐清自己抱負的過程，得到許多能量，並挖掘出自身一直潛藏的興趣。直到她朝著那項興趣發展後，果然大放異彩，這個結果回過頭來給予她勇氣，使她寧願選擇不確定的未來，放棄原本已經熟悉的工作。

可是，索菲**首先必須從別人的期待中掙脫出來**。我們一開始都想要找對工作、成為做對事的人，竭盡所能取悅別人，尋找歸屬感。然而，**尋找志向並沒有那麼容易**，中間牽涉折衝權衡，比如索菲就**必須放棄一樣東西**，來獲得更想要的另一樣東西。沒有人能擔保會順利達成目標，不過有一點是肯定的：放手追尋自己的志向，人生就會變得更刺激、更有趣。

03

找到志向：如果我今年七十，我想追憶什麼？

那麼多彼此衝突的訊息，那麼多干擾的聲音鋪天蓋地而來。不如想像自己已屆七十高齡，這樣就能擺脫掉這些了。

維克多感受過天命召喚，第一次天命召喚是發生在他高中的時候，當時維克多正處在一段自我摧殘的時期：

「十一年級和十二年級[5]那兩年，我偽造父母寫的請假單，翹掉很多天的課，可是我的成績很好。我生長在臺灣家庭，但從來沒有獲得讚美，如果在學校得到的成績是A，家人的反應是：『為什麼不是A+？』但願我有勇氣屈居人後。

「高三那年，我的SAT學術能力測驗[6]成績無懈可擊，可是申請的每所大學都拒我於門外。我感到意志消沉，卻不敢告訴父母。我把自己的車子砸得稀巴爛——那是我最寶貝的東西。

「我快速的向下沉淪，有天清晨三點，我在家門前放聲嘶吼，內心孤獨無比，覺得自己殘破不堪。就在那一刻，我感受到上帝出現在我身邊，祂彷彿一件毯子覆蓋著我，原來我一直在揮霍上天賜予的禮物。從那時候開始，我非常努力工作，把心力投注到更有意義的事情上。」

大學畢業之後，維克多在工作崗位上表現出色，兩年後應徵一家私募股權公司，這是他內心認為「對的路」。可是就在出發面談前，維克多忽然在機場停了下來：

「我突然聽見內心有股聲音說：『你這個膽小鬼，你明明曉得應該做什麼，卻一直忙著充實自己的履歷表。』後來，我和室友創辦公司，宗旨是協助企業建立社群，以及形成有影響力的社群。我想要改變經營與消費的文化，哪怕只是走進一家髮廊，也覺得賓至如歸。」

第一輪募資期間，維克多希望籌集到的資金越多越好。不過有一天，他和另一位創業家喝咖啡，對方告訴他，萬一招來錯誤的投資人，恐怕會引起麻煩。維克多也因此謹慎起來：

「我每次與投資人會面時，都會刻意談到我們的使命，有些投資人只衝著錢來，有些人品並不好，假如無法實現使命，那我們就不要他們的錢，簽訂投資條款並不是最重要的事。

「當時手邊資金只剩下一個月可燒，有四十個人靠我們吃飯，我們拿出畢生積蓄來支付員工薪資。那是我這輩子做過最棒的決定之一，好在資金即將燒完之際，支持我們的投資人出現了。

5 為臺灣高二、高三。

6 美國各大學申請入學的參考條件之一，在臺灣類似大學學科能力測驗。

「我想要侍奉上帝、發揚他的志向。我的目標是記住自己工作的初衷，如果不這樣做，就會做出糟糕的決定。工作令我筋疲力盡，如果太忙於工作，就沒有時間思考人生目標。若是每週工作一百個小時，卻不知道工作的目標，那麼肯定會遇上危機！」

即使競爭者迅速迎頭趕上，獲得媒體好評，維克多依然奉行著自己的長期使命，將每個市場轉變為社群，這反而成為他公司的優勢。

想想：如果我今年七十歲，我想追憶什麼？

維克多的故事與其說是在追尋志向，不如說是**關於鼓足勇氣追求志向**。他的路程始於開放的心態，幫助他自我實現與帶來新能量。如果你也想和他一樣，首先要自問，對你來說有意義的事物是什麼，你必須花點心力探索自己的靈魂，才能夠了解真正驅使你的力量是什麼。

把答案說清楚、講明白，很可能是你碰到最困難的事情之一。不妨想像你今年七十歲，情況就輕鬆多了：回顧前塵往事，你想要追憶什麼？想要記得什麼？事情想得長遠，你今天可能就會做出不一樣的決定。

維克多透過宗教與哲學敞開胸懷，有些人發現反覆練習可以刺激深層思考，有些人則是固定寫日記，還有些人向信任的對象傾吐心事。如果你有足夠的勇氣說出自己的弱點，對方將會設法伸出援手，畢竟追尋志向是個嚴肅的課題。

04 完成每一天的工作，之後開口要機會

當你練習專心過好每一天時，不論當下你在任何工作崗位上，都會變得更獨立、更自由。

克莉絲汀的父母從黎巴嫩（Lebanon）和亞美尼亞（Armenia）移民到美國，她從雙親那裡學到應變能力與堅決的意志，也將無比熱情帶到工作上。她在一家科技公司從事銷售工作，可是她的熱情並非來自特定的銷售職務，而是來自日復一日、盡心盡力的完成工作：

「我盡量保持天天精神飽滿，以確保工作順利，不僅是為了當天，也著眼於長期。這意味著我要不斷保持開放、熱忱的心，為眼前的任務做出最好的決定。我向來對科技敬而遠之，覺得自己不夠聰明，可是我在小組中，連續六年獲得績效冠軍。我不追求獎賞，也不和別人競爭，我看重的是不一樣的東西。」

簡單來說，克莉絲汀感興趣的是全力以赴。她把重心放在對她而言最重要的事：學習、發展最出色的自我，當個有貢獻的人：

「我沒有被『本來可以』、『應該可以』的心態束縛，也不把心思放在不相干者的批評或評判。日子可長可短，端看你怎麼過，如果選擇把重心放在拖累自己的事情上，那就免不了向下沉淪。我們所處的世界喧囂繁忙，我吃了一番苦頭，才學會注意老天賜予的機會。好的工作或專案機會稍縱即逝，我稱它們為『神明轉瞬』——機會在一眨眼的功夫間，來了又走。如果你不聚精會神，就看不到它們。」

克莉絲汀本性熱情，她明白有時候工作會消磨自己的決心。就拿不公平這件事來說，克莉絲汀像很多人一樣，會因為遭遇不公平而反彈：

「儘管得獎，但過去六年來，我沒有獲得像樣的加薪或升遷，哪怕其他男性同事幾乎都加薪、升遷了。我沒有和別人說過這件事，一部分是因為害怕，另一部分是因為說不出口。最後，經過一番深思熟慮後，我決定**鼓起勇氣替自己開口爭取**，結果獲得新的職務並升職了。」

去年克莉絲汀生了女兒，不久後獲頒公司的頂尖業務獎，她終於可以歇口氣，好好享受自己擁有的一切。

克莉絲汀證明不論從事哪種工作、在哪家公司服務，都可以投注熱情。當然，人都會碰到不想上班的時候：天天盯著電腦螢幕、沒完沒了的出差、討人厭的會議……這些肯定都會扼殺工作熱情。科技固然能改善情況，但多數時候反而把情況弄得更糟，我們總喜歡在社群媒體上和別人比較，那簡直是陷阱！

活在當下，然後呢？

不過大體而言，選擇專心致志是好事。正念專家和精神領袖告訴你：「喝茶時就專心喝茶，別把你的煩惱、專案、遺憾也喝進肚子。」**不要因為思考或憂慮著下一刻，而錯過此刻的喜樂、美景與禮物**。即使沒辦法控制工作上的事物，你依然能夠努力表現最好的一面。方法之一是每天立定決心，問問自己：「今天我想得到什麼？今天想從自己身上找到什麼？」有太多事情會令你恍神：危機、緊急要求、日常讓人分心的事物，發生這樣的情況時，只要把注意力輕輕轉回來即可，不必自我批判，也無須自我譴責。

當你練習這麼做時，不論從事什麼工作，都會感到更獨立、更自由。這樣生活會創造正能量，帶來更多成長機會，**進而導出想要追求的志向**。

工作或許能為你帶來熱情，但並非必然。**能夠使你熱情高漲的，是你自己看待工作的心態**，這和從事哪個行業、哪家公司上班、擔任什麼職務都沒有關係。

05 能讓你成功的，一直在你身邊，只是你懷疑

有時候你真正想要的東西，
其實一直都在你身邊。

某天我參加一場慶功午宴，凱薇塔就坐在我旁邊。這場午宴是為了慶祝一齣電影上映，情節是關於某位幹勁十足、發明許多家用產品的創業家。而凱薇塔自己也身兼發明家與創業家：

「我從小就愛發明東西，之前去印度探望祖母時，父母警告我別喝自來水，可是抵達的第一天，我就因為刷牙不小心喝進一些。之後，祖母給我喝辛香茶緩解，後來我果真沒有生病，因此覺得很好奇。

「回到家後，我開始動手實驗，把辛香料添進裝有髒水的罐子裡。之後在商店裡看見發霉的草莓，就突然靈機一動。十七歲那年，我靠著辛香料遏阻黴菌這個配方獲得專利，它是專門為了

我祖母這類，沒有冰箱可用的人而設計的。」

讀大學時，凱薇塔想要把發明轉變成非營利用途，可是指導老師都不肯幫忙，只是提出告誡。於是，她提出設計包裝的構想，希望加長食物的保鮮期。凱薇塔一直懷疑自己不夠好，直到一位身兼醫師與顧問的友人說動她，才使她向前邁進：

「在鼓足勇氣踏出第一步之前，我已經自我懷疑了十幾年，覺得自己發明的東西，仍非常個人且不堪用。朋友鼓勵我參加一場營運計畫比賽，結果入選。不過，評審專家對我說，我沒有能力領導該營運計畫執行。評審很好意的指出：我缺少通往下一步的能力、經驗和資金。我們最終輸了這場比賽。人們似乎覺得創意本身並不值得追求，這使我產生信心危機。」

凱薇塔的低潮原本可能是故事的結局，可是她沒有被擊敗，反而感到解脫，膽子也跟著大起來。反正也想不出更糟的情況了，乾脆孤注一擲。她與朋友合力製作出包裝原型，然後跑去農夫市集探路：

「我們第一次去的時候，明顯看出它的需求量很大，消費者要求把我們的產品帶回去。幾個星期後，我們設立一個攤位，所有產品不到三個小時就賣光。然後這些顧客紛紛回來，分享自身的故事——他們如今能夠常常吃到健康的新鮮食品了。

「自我懷疑是場苦戰，昭告著遠大的構想、旺盛的企圖心並不受到鼓勵。我曾尋找能夠實現我創意的人，後來才明白我只能靠自己，結果差點放棄。」

凱薇塔創辦自己的公司，擔任執行長，滿足發明的渴望。後來，她嫁給協助她製造第一批產品的醫生。

好點子，然後呢？你得做出點什麼

有時候你真正想要的東西，其實一直與你同在。這不代表你所有的點子（或任何人的點子）都是好的，真正好的部分是相信自己，這樣才會採取行動。如今自我懷疑不再絆住凱薇塔，令她躊躇不前。

你可能需要他人的勸說，才能說動你支持自己。凱薇塔的朋友扮演著關鍵角色，鼓勵她邁出下一步，也就是承受下一個風險——特別是經歷過那麼多次失望之後。

追尋志向的過程免不了起起伏伏，當你處在一片混沌之中，會感到很迷惑、覺得一切亂七八糟。而聰明人會袖手旁觀，冷眼看著你的信心慢慢被消磨殆盡。**初期嘗試必然失敗，可是會釐清你的志向、加強你的決心。**

要有耐心。每次的經驗都使你離目標更近，哪怕此刻的你依然當局者迷。

06 從徘徊到篤定，這麼做

假如你在離開學校之前，就找到自己想做的事業，那真是十分幸運、可喜可賀，如果你連同事都相處融洽，那就像中樂透了。可惜我們大多數人都沒找著天命——至少不是順利發現。雖然雇主冀望找到「胸中燃燒著熱火」或「眼眸煥發光彩」的人才，然而假設你對工作缺乏熱情，也不表示你有什麼大錯會妨礙你謀求工作。

艾蕾克絲的情況剛好相反，工作令她倒胃！索菲也沒有熱情，她只是咬牙忍耐。她們兩位於是開始搜尋，打聽不同類型工作的特定、具體問題，找到新的能量；維克多與納薩尼爾的追尋之旅，從相當深刻的靈魂探索開始，提出格局很大的問題（替社會、信仰服務）；克莉絲汀發現，對工作熱情與否並不在於特定的工作內容，個人意願就能夠激發熱情；自我懷疑阻礙了凱薇塔，一旦摒除懷疑自己的念頭，就能開啟能量的閘門。

這些故事其實都與志向有關，也就是驅動熱情的力量。所以**別管熱情了，你要卯足全力追求志向**。令人欣喜的是，追求志向的過程本身會增強你的能量，不過我還是要提醒你，追尋志向並非一蹴可幾，別指望一次「深度思考」就能產生確切的計畫。

尋找志向的旅程將帶來不確定、甚至不舒服的感覺，你得嘗試與犯錯，不斷探索自己的志向——也就是學習。聽起來很沉重，對吧？確實如此。假如你真的想要立定志向，那就採取下列行動。

調查自己

你需要的第一樣東西，是能用來洞悉你自己的相關資料，稍稍挖掘一下便能釋放出來：

一、重新找回給予你能量的來源。給自己寬裕的時間，願意的話，先從練習正念開始[7]。請在扶手椅上舒服的坐下來，背脊打直，四肢伸展，足踏地板。闔上雙眼，呼吸放緩，深呼吸三次。之後恢復正常呼吸，從頭頂開始，緩緩的感受身體的每一部分都放鬆下來，直到腳趾頭。這需要花好幾分鐘。等你準備好後，就把注意力集中在幾點回憶上。

- 想一想你生命中的每個階段，給予你能量的經驗或活動。回顧童年時光，然後從那裡開始回想，選出幾個「最佳狀態」——就是你全心全意、活力充沛、深受那些活動吸引的時刻。想像自己回到那個時間點，感受那股正能量從何而來，讓思緒和圖像自由流淌出來。
- 尋找模式。檢視這些「最佳狀態」，然後想想你重視的哪些方面，能夠因而抒發出來。當你把能量來源疊上自己重視的層面，就能找到力量所在。找出過去選擇這條道路的理由（不要用價值判斷），誠實作答，**但是千萬不要回答「我不知道」**。

二、探索你的工作經驗。最好拿紙筆做這項練習，透過此方式，你會發現自己對工作的喜歡與厭惡之處。如果你已經在同份工作崗位上做了十年，請將這十年拆解成特定片段。如果眼前這份工作只做一、兩年，那就把過去的兼職工作也加進來。仔細檢討每項細節，哪怕是覺得浪費時間的小環節，也不要放過。

- 找出給你能量的特定任務、人員和工作環境。如果你覺得有幫助的話，就針對這些項目一一列出，分別寫在三張清單上，此外也要注意什麼樣的工作挑戰令你興奮。
- 找出讓你在工作上洩氣的事物。盤點自己經歷過的特定任務、人員和工作環境，找尋證據。注意那些令你覺得枯燥、生氣的工作挑戰——雖然你後來依然完成了任務。
- **工作中你感到充滿能量的時間**，占多少比例？**如果低於三〇%，就得警覺**。你需要決定自己的目標究竟是什麼，有了這些洞見之後，目前情況也許可以從三〇%，提升到六〇%。

7 假如你偏愛用商務人士的方法練習正念，也許會喜歡陳一鳴所著的《搜尋你內心的關鍵字》（*Search Inside Yourself*），或是喬．卡巴金（Jon Kabat Zinn）所著的《正念減壓初學者手冊》（*Mindfulness for Beginners*）。

問問自己

現在你準備好要提問題了。如果你想翻白眼，請便，不過說真的，提問很重要。練習提出問題和思考問題，會幫助你追尋方向。你要問兩種問題：抽象的和仔細的。第一種感覺像是大格局的問題，第二種的感覺則比較具體，假如其中一種不管用，那就試試看另外一種。以下是提問的方法：

一、思考長遠的問題，脫離目前的軌跡。選擇令你感興趣的抽象問題，不妨試試以下這些：**「什麼對我真正重要？」**、**「什麼讓我快樂？」**、**「我最擅長什麼方面的事？」**、**「退休以前沒有完成什麼，會最讓我感到遺憾？」**還有一切問題的根源：**「我注定該做什麼，才能夠有獨特貢獻？」**提出問題，然後傾聽內心的回答，假如答案不切實際也不要放棄，再提出別的問題，描述你最擅長的方面。再不然就休息一下，試試下面的練習。

- **想像自己在目前這個工作崗位上再待三年**。假如這個念頭令你精神大振，請花點時間了解一下原因，這樣就能從事更多這類充滿能量的事；萬一想像後令你洩氣，也請設法找出理由，藉此做些改變，並釐清你的自由程度和替代方案。
- **再想像十年之後的自己**。姑且假設你身體健康、精神快樂、工作如意，換句話說，你是人生勝利組。那麼，這時候你在做什麼工作？什麼令你朝氣勃勃？什麼對你來說，已經從不可能化為可能？想像如果解除所有束縛，曉得自己不可能失敗，你會怎麼做？

二、對於自己夢想的職位，務實的做三件事。假如你是注重現實的人，概念式思考也許會讓你抓狂。萬一真是如此，請試試下面這些問題：「我每天想要做的事情是什麼？」、「我喜歡什麼工作活動？」、「上班時，能讓我興奮的是什麼？」、「工作時，我對什麼最專注、最投入？」請教別人，談談他們的工作情況，也是獲得啟發的一種辦法。

- **你一定會問到指引你的貴人**。你可能擁有數種興趣，不妨針對每個種類進行一連串訪談。其祕訣是六度分隔理論（six degrees of separation）[8]，首先請教一位你對其工作感興趣的對象，拜託他再推薦兩位相關人士，依此類推，最終就會遇到正確人選，而且**不會超過六次轉折**。
- 保持聯繫。你將會見到許多人，你需要維繫這個非比尋常的網絡，因為它十分寶貴、值得珍藏。你要讓請教的每位人士，都知道你最後落腳何方，畢竟一般人都喜歡有始有終。
- 權衡得失。當你弄清楚自己對工作的好惡時，也要考慮利弊得失。比方說，你可能討厭旅行，倘若主管指派某件令你興奮的任務，但是需要出差，也許你終究還是會接受，因為這機會更得來不易。

8 認為世界上任何互不相識的兩人，只需要很少的中間人就能建立起聯繫。

將你目前的願景說出來。有感嗎？

別再提願景了！你大概要大叫了。沒有錯，有願景才能揮散迷霧、釐清現象。不要執迷於追求完美，你的願景將隨著目標一步步接近而改變，因為你會在過程中成長。請進行以下步驟：

一、讓右腦（感性）指揮方向。關閉左腦（理性）很困難，不過你可以練習。準備筆記本、一些黏土和畫畫材料，任何有助於圖像和文字表達的東西都行。停止思考，也不要想著思考這件事，反正旁邊沒有人，你只要動手玩就行。

二、發表宣言。一旦起頭就要明白宣示。大聲說出來、寫下來。

三、停下來，感覺一下。回頭讀你的宣言，暫停一下、傾聽自己的心聲。你的身體有何感覺？情緒有何體會？假如答案是「什麼也沒有」，那就要重新來過，回去繼續做日常工作。要有信心，你一定找得到隱藏的竅門。

四、練習你的宣言。找朋友和同事幫你壯膽，請他們提供回饋。不過你要小心，有些人可能鼓勵你做他們自己想做的事，這樣的建議固然出發點良好，卻不見得是你需要的。你應該詢問對方，關於你的願景，有哪一點令他們心生感觸？問問他們要怎樣做，才能激發更多靈感？

在目前的工作崗位上開始做些轉變

有的人是在跌到谷底之後，才開始追尋志向，因此難免感到壓力，想要迅速採取極端行動。假如你也是這種情形，請好好評估一下：情況到底有多糟？你能否改善目前的情況？給自己騰出一些時間，經由嘗試與犯錯，了解每次採取的小步驟都是可行、也是正向的：

一、先拔掉眼中釘。你目前的職務也許只有一、兩方面令你痛不欲生，如果是這樣，向正確的對象提出你的問題吧。管理階層其實十分願意聆聽員工的傾訴，並且採取因應措施，可惜員工都保持沉默，最終以離職收場。如果你真的要離職，還不如把問題說出來，反正沒有壞處。

二、動手做小事。設計一些可以實踐的小步驟，以測試你的願景。

● 創意思考。公司有很多**臨時性質的任務和計畫**，你可以在日常工作之餘，參與這些計畫，如此一來就多了一些機會，比如平級調動或轉換職責。另一種選擇是找個**正職之外的志願工作**，或尋找創業的機緣。

● 加強學習。假如有別的行業或職位吸引你，想辦法試試，看它是否留得住你。找相關的人談談，**結識從事你感興趣的那些工作的人**，藉此進一步了解。

● 進行改變。**當你想到下一份工作時，如果心裡的興奮感強過按兵不動的安全感**，就是你該放手去做的時候。

三、盡量先做滿一年，再離職。如果你現在的工作，打從一開始就是個錯誤，那麼認賠離場確實有道理。反之，如果它提供你學習與收穫的經驗，好處大過令你不悅的缺點，那麼堅持做滿一年，就足以目睹完整的營運週期，也能讓你發展一些技能，還能做出一些比較好的判斷。

當你採取小步驟，循序漸進朝自己的志向邁進，有些事情會開始成形。你將能辨別機會和紛擾，也會覺得工作更有樂趣，因為你正在積極的向前邁進。這個調查、提問、宣示、測試的過程，終將見到成果。不必急著趕出結果，你不妨把自己的職業生涯，想成一部漫長的電視影集，下一集將會透露更多內容。

第二章

管理壓力，轉化成一種興奮劑

壓力馬拉松很早就開始了。你想要一份好工作，然後想保住工作，或是找到更好的工作並且升遷。可惜總有人比你好上那麼一點，這到底有沒有盡頭？答案是沒有；**好不容易等到一個競爭者離場，新的競爭者隨即出現。**

星期五晚上，你向朋友吐露心事，說你感到焦慮、壓力、不滿、憂傷，可是自己也不清楚原因。你把問題歸咎於疲勞，然後（再次）發誓要認真上健身房。到了星期日晚上，又開始惡性循環，你夢想開一間麵包店、回學校唸書，或是找到任何可以不必再做這份工作的出路。

有些人在壓力之下表現越發出色，有些人則學習如何應付壓力。拿莎莉來說，她對電視這個行業一見鍾情，大學結束電視臺的實習之後，又獲得延長合作一年的機會，不巧那年公司裁員，莎莉以為自己一定會失業：

「結束延長合作期的前兩天，我獲邀擔任晚間節目的執行製作，但主管動輒叫罵，非常嚴厲。我們每天早上九點開會檢討節目的錯誤，這時候大家都已經熬了一整夜。我低頭打瞌睡、又趕緊抬起頭來，每天都苦苦掙扎，連見男朋友的時間都沒有。

「夜班只有三個人，因此必須學會所有工作。我的表現一塌糊塗，奇慘無比，當時竟然還讓我負責製作影片，這對我來說實在太早了。」

經過這場試煉之後，莎莉在八年內升遷好幾次，這幫助她應付工作上甩不掉的壓力：

「有人問我願不願意再經歷一次那種體驗，我不知道該說什麼。當時身體和情緒都備感煎熬，不過卻也幫助我發展。願意通宵工作的人非常多，如果你下定決心，真的想做這樣的工作，那就做吧。

「直到現在，壓力依然很大，有時候我真想賴在家裡。每天晚上十點開工，我必須繃緊神經完成工作，由於早班的同事會影響晚班的進度，使得我更緊張。突發狀況總是十萬火急，可是天天都得應付這些事，好在如今已經得心應手了。」

莎莉**學會管理壓力**，她的**方法是設定目標，然後將目標拆解成小步驟，替自己打造堅強的導師群，而且把身心復原這個選項也排入行程**。她也沒有忘記初衷：這是我要的工作。

假如你選擇一份報酬很高的工作，執行的任務又很重要，那麼這份工作必定伴隨著高度緊張，壓力自然無可避免。如果你熱愛這份工作，就得學習與它共存，不然就會因為精疲力竭而產生職業倦怠。在你全力以赴，或是無法忍受、決定放棄之前，請參考下面這些故事，評估自己的容忍度。

- 也許你自己就是最大的壓力來源，怎麼辦？布羅迪得到自己想要的工作，可是他凡事追求百分之百完美，差點毀掉這份工作。
- 萬一壓力突然加劇，怎麼辦？艾瑪的新主管改變原有的規則，使她的世界天翻地覆。
- 假如你忍不住給自己太多壓力，怎麼辦？拉傑特一頭栽進創業、醫學院、商學院等多項事務中，給自己製造出危險的壓力鍋情境。
- 怎樣才能扛住工作壓力？克里斯多福雖然熱愛自己嚮往已久的工作，卻在追求「更多」、

「更高」的過程中迷失初衷。

● 何時應該罷手？瑪雅到了躺進救護車的那一刻，才發現自己的極限。

也許你以為某些行業和職務的壓力比較大，其實大錯特錯。每個行業、每份職務都有壓力，而那些成就出色的人，往往還會給自己壓力。儘管為了工作，身心疲憊不可避免，但是熱愛工作的大有人在，他們在壓力下奮力向前，休息過後繼續努力，學習與這些壓力並存。

壓力沒有好壞之分，假如你的壓力來自內在，這一章就要教你如何釋放壓力。如果你的壓力是因學習而來，那麼掌握好新技能，就能順利應付它；若壓力源於外在衝擊，你就把自己照顧得更周到，以度過這段艱難的時期，然後選擇努力復原或者辭職了事。換句話說，你是有選擇的。

01 不犯錯就沒壓力？結果壓力山大

鮮少工作要求絕對完美。
恐懼驅使我們追求完美，可惜次次落空。

布羅迪親眼看過父親在煉油廠賣力的幹活，同時又接受背部手術，退休後又罹患帕金森氏症（Parkinson's disease，簡稱ＰＤ）[1]，苦不堪言。布羅迪認為，父親一輩子辛辛苦苦的工作，生活卻沒有眷顧他。眼見經濟衰退來襲，布羅迪為了找份好工作，主修金融、會計和管理，果然被一家會計師事務所網羅。生計有了保障，布羅迪卻開始不滿每天冗長、枯燥、一成不變的工作。他想要更多，於是轉而挑戰更高階的金融公司——這可是要承受壓力的：

1 為一種慢性中樞神經系統退化的疾病，主要影響運動神經系統。

「頭兩個月我有滅頂的感覺，因為大家都比我優秀。我誠惶誠恐，**什麼也不敢負責**。後來主管調職了，五個月後他的職缺才被填上。我很**怕犯錯，不敢大聲發表意見**。我真的很介意別人怎麼看我。每天回到家，我還是為工作感到壓力沉重，日子過得很悲慘。」

所幸布羅迪有個職場導師，某天這位導師請他吃午餐，建議他勇敢向前邁進。當天晚上布羅迪參加一場活動，演講者恰好強調相同訊息：

「他說：『**凡事都要有把握才去做的人，絕對一事無成**。』你們必須冒險抓住機會，人不可能永遠都正確。我心想：這正是我的感覺。假如我對自己所知的事只有九成五的把握，就不敢貿然發言。我太害怕出錯，這使得我很緊張，以致於沒有專心聽他人說話，結果導致我的判斷出錯，這實在是不合邏輯；要不然就是完全聽不懂別人說的話。

「上班時我覺得自己快不行了，我心想：站起來，做個有用的人，不然就去找別的工作。於是我不再窩在後面，開始對同事說：『這個讓我來做，我會把它做好。』我的心態變成：公司付我薪水，就是要我出主意。

「直到現在，我仍然覺得自己像個白痴，可是不像從前那麼憂慮這件事，如此一來，我反而學習到最多東西！你不可能一方面大膽、自信，另一方面又不接納別人的意見。封閉自我是無法與他人合作的。」

還記得布羅迪的主管調職後空出的職缺嗎？後來是布羅迪獲得拔擢、遞補懸缺。

不怕犯錯，最可怕的是拒絕犯錯

布羅迪差點被自己的壓力淹死。換工作會帶來新挑戰，先是需要攀爬陡峭的學習曲線，然後必須與新主管相處，接著連主管都不見了。為了不讓自己覺得一無是處，布羅迪努力做到百分之百正確，但他太怕自己說錯話又緊張，以至於很難聽進別人的建議。布羅迪一步步走向最糟糕的結果——搞砸真心想要的這份工作。

恐懼驅使我們追求完美，然而次次落空，將我們推入屢戰屢敗的模式。所幸布羅迪重新調整心態，釋放加諸於己的壓力。**原先他感覺被其他人指指點點，後來布羅迪改變心態，開始將討論視為珍貴的合作方式**。

這些改變很自然的引導出不同的行為，如今他在集體討論時，會提出自己的想法，也**不介意別人出言糾正**。布羅迪發現自己的表現比以前好。這麼說來，放棄完美反而使布羅迪的績效更上一層樓，這豈不是很諷刺嗎？一點也不會。

02 突然要我改掉我熟悉的工作模式

艾瑪決定：迎接挑戰，勝過不戰而逃。她的新工作需要新技能，確實令人惶恐。

艾瑪初次到紐約，是為了去百老匯（Broadway）演出，那時她才九歲，就得開始在新的城市生活。之後，熱愛藝術使得艾瑪選擇相關領域的工作：

「百老匯使我感受到力量、獨立與信心。後來我重返紐約、上藝術學校時，明白自己想要一份兼具穩定、高薪、地位與歸屬感的工作。藝術創作理論上符合前述條件，可是我內心感到很孤獨、苦惱。我想要隸屬更大的組織，成為它的一分子。大學畢業後，我在一家精品公司找到工作，老闆給我許多機會，相信我的潛質，讓我好像找到了歸宿。

「過去我沒有像樣的經驗，不過慢慢找到竅門了！我量身打造管理部門的方式，以配合主管，因為我曉得他最看重美學，便利用有效、簡單的方式開發產品。換句話說，主管出主意，我和另一位工匠則合力弄出成品。我們先想出一個概念，然後設法將它商品化。

「後來換了另一個主管，卻不欣賞這個辦法！因為我們沒有按照慣例先做初期工作，新主管很不高興，他指示我要策略性思考，管理好我的團隊，並且好好建構流程。他還說我之前的工作真的搞砸了，對我下最後通牒：『你得證明你能勝任這份工作。因為你現在這樣，感覺就像在敷衍我。』」

艾瑪開始質問自己。自我懷疑是一條危險的路途，往往會導致衝動的決定：

「我懷疑自己有沒有調整的能力，覺得自己應該辭職，但那樣的想法並不健康，於是我搭機返鄉去探望父親。

「父親幫助我、讓我了解我做得到，至少需要試一試，先前我根本沒有給自己嘗試的機會。之後我排除情緒上的恐懼和焦慮，用務實的態度計畫該如何達成目標。心態也從『我能嗎』，變成『我要怎麼做』。」

艾瑪帶著找回的力量與擬好的計畫，返回工作崗位：

「我重新組織團隊，以便在第一線應對顧客和市場，還訂下明確的期望。一開始團隊人數很少，若能增添策略團隊成員，我就能在幕後及早搞定細節，之後就不必做太多改變，也能減少趕工成本。

「我的直覺很靈，也很擅長製造漂亮的東西，然後順利做成產品。過去我沒有花時間培養自己的人手、壯大我的組織，也沒有策略性思考，可是我一直都想這麼做！這是注定好的。」

意料之外的壓力鼓舞著艾瑪，受到刺激的腎上腺素加速她的成長，後來她一路升遷到公司的設計副總裁。

遊戲規則突然改了，適應新玩法證明自己

有時候你的日子過得好好的，壓力卻突然從天而降，把原來的世界搞得天翻地覆，這時候你就需要找一位職場導師協助你。他不必了解你工作上的枝微末節，因為你需要的，是他的經驗、智慧與耐心。假如他關心你，對你很熟悉，當然大有幫助，但他的客觀意見才是最重要的。

艾瑪認定正面迎接挑戰勝於轉身逃跑，她的新生涯需要新技能，不過也確實感到惶恐。還好她想起自己擁有多重力量，藉此管理心中的恐懼。

顯然，一個九歲大就登臺演唱、遷居陌生城市的人，勢必較能容忍新的經驗。假如你不喜歡自己的世界天翻地覆，那就從你以往的成就出發，思考即將執行的計畫中每一個步驟，並且讓對方注意到你的學習與改變。

當舞臺布幕升起時，請記住，**嘗試與犯錯遠勝過從未嘗試**。

03 不放過各種可能，壓力的興奮感會要命

給自己太多壓力不是好事。
有時候你需要別人的嚴厲批評，給你一記當頭棒喝。

拉傑特的父母從印度移民英國，之後又移民美國。他的父親是位住院醫生，每天長時間工作，而他童年歲月的所見所聞，使他有著想要出人頭地的強烈動機：

「這裡的人很友善、很和氣，可是誰都看得出來我們是新移民。當時我心想，我應該要做得更多、更好。九年級[2]時我成天煩惱：怎麼樣才能更有效率？我的自我改善計畫不斷累積，每天晚上就寢前，我檢討自己沒做好的、遺憾的事，並一一寫下來，例如我本來有機會幫別人的

2 約為臺灣的國三。

忙，可是沒有出手。」

拉傑特在大學裡，與人共同創辦一家非營利性質的公司，企盼各界領袖齊聚一堂，展開雙邊對話。他從大學時代開始經營這家公司，後來繼續去醫學院、商學院就讀，仍然沒有放棄。拉傑特鐵了心要闖出名堂，根本沒注意到自己已經慢慢失控：

「我申請進醫學院就讀，這樣就有藉口出去忙新創公司的事。本來我可以暫時休學，可是父母認為那樣無異於輟學。醫學院能刺激我思考，因此我和處境艱困的人相處時，會感受到自己有股力量能協助他們，而新創公司，剛好能接觸到許多高階領導人的問題，讓我替他們解決。

「醫學院第三年最難熬，除了必須整天待在醫院工作，下了班還要唸書。有時候從早上五點到晚上九點，都必須待在手術室，我連站著都會睡著，所幸那時不是由我操刀！星期五下午五點半回到家裡，我會用大玻璃罐來泡咖啡，接著開始做學校作業和處理新創公司的事務。

「星期六用來約會，可是每次約會下場都一樣：晚餐後去看電影，不到五分鐘就睡著了。我決定休息一陣子，改去上商學院。我向來喜歡風險、創意、創新，當時我們的新創公司已經成立三年，我知道必須全力以赴。」

沒想到進商學院後，拉傑特的情緒更糟了，成績不夠出色令他感到挫折，體重掉了九公斤，健康也亮起紅燈：

「我和朋友出去喝酒，第二天他打電話來，說我昨晚從頭到尾都在抱怨工作，我的狀態變得很糟糕，覺得挫敗、夜不成眠、身體疼痛，簡直要過勞死了。我的健康問題糟到自己都不敢提，過去從來沒有保養過身體，以為只要吃飯、喝水就能搞定一切。

「念大學時，每天都過著意氣風發的日子，可是我已經開始感到每天都糟糕透頂。有一天，我明白自己寧可當個貧窮但快樂的普通醫生，也不要成為擁有權力、地位、人脈，但是愁眉苦臉、無法主宰自己生活的大人物。那一刻是我人生的谷底，卻也是我的轉捩點。」

到了生活需要改變的時刻，拉傑特放棄新創公司的日常營運，返回醫學院，重新找回能量和志向，同時也變健康了。

追求成就的動力不可變成貪婪

同時就讀醫學院、商學院和領導一家新創公司，簡直就是自尋死路。拉傑特不知道自己面臨節節升高的壓力時，將會產生什麼不良後果。他需要的是別人的嚴厲批評，給他一記當頭棒喝。拉傑特說：「從孩提時候開始，我就非常羨慕僧侶和修道院的生活。沒想到後來會過那麼緊張、拚命的日子，差點把自己逼死。」拉傑特停下來反省之後，明白過度追求成就會產生反效果，工作得越努力，獲得的成效越少。

自我覺醒導致自我修正，不過這可不是「假裝久了就會成真」的情況，如果扯後腿的是你的心態，那麼就應該淘汰它。如果不這樣做，你就不會改變那些不健康的行為；不健康的行為其實是更深層的心態，如果不改變，你就依然受它左右。

04

與你所愛的人，一起預設工作壓力的界線

與你愛的人在對話中設下界線。
他們沒有義務陪你熬過艱難的任務。

克里斯多福的父母在他四歲大的時候離婚。克里斯多福相信正因為如此，父母才會刻意強調，他們會在他需要的時候永遠支持他，並張起安全網幫助他成長：

「高中時我開始自食其力。我角逐學生代表，心想：何不試試看？雖然在很多方面失敗了，我還是不斷嘗試。大一那年，我受邀擔任學生報的資深編輯，那是我第一次真正感覺走出舒適圈。我不知道自己在幹什麼，高年級的學生看起來都比我大很多歲，所以指揮他們做事是個很大的挑戰。」

克里斯多福主修工程，畢業後先在一家新創工業公司擔任產品工程師，之後嘗試擔任策略方

面的角色。說起來，沒有人比他更了解，壓力累積到爆發的感覺：

「經營好事業是驅使我努力的動力。生意成功讓我感到振奮，缺點是必須經常出差、在外工作，這使我心想：這樣值得嗎？

「有次我的角色是協助公司開發市場，我覺得太棒了，工作很有進展，銷售數據良好，產品看起來很不錯；我們的努力有了成果。問題是我有個『凡事都想要更多』的毛病。當一項專案完成八〇%的時候，我又開始物色下一個專案。競爭是我的頭號實力，我想要勝出。」

外在壓力逐漸累積。儘管接到的任務很刺激，克里斯多佛卻開始為此付出代價：

「我出差的時間太長，有時候會長達三個星期。如果半夜有人打電話來，我也必須接聽。我就是在那個時候和女朋友分手的……那是注定的結果，也是真正敲醒我的警鐘。我明白自己只會優先考慮工作。

「在這個過程中，我失去了自我。我想要搞定所有事情，卻沒有正視什麼才會讓自己快樂。我看不清什麼才是重要的，沒有設下任何界線，也就沒有極限。如今看來我毫不後悔，因為我學到很多關於自己的事。我還很年輕，雖然會犯下愚蠢的錯誤，不過暫時還承擔得起。

「成功都要付出代價，我就為了這個代價苦苦掙扎。現在我不曉得出人頭地是什麼樣子，不曉得先後順序該是什麼。我該去讀碩士嗎？我要追尋的夢想是金錢、好工作、傲人的頭銜、位置優越的辦公室嗎？這些目標是真實的嗎？」

克里斯多福在短短幾年內升任產品經理，最近他加入一家從事尖端生物工程的新創公司，但依然在思考這些問題。

工作能入侵私生活，你是興奮還是忍耐？

當處境變得艱難，克里斯多福先是把自己逼得更緊，但隨著感覺越來越難受，他只能忍耐更多痛苦。一旦明白自己必須釋放這些壓力，他就不用那麼苛求自己，或是自食其果。

出差惡夢令人煩躁，陰魂不散的截止日期在逼迫你，你該怎麼辦？犧牲健康飲食、延長工作時間，然後動不動就情緒失控？或者你可以**預先評估壓力，決定可以接受到什麼程度**。如果你對上級指派的任務感到興奮，那就太好了。

與你所愛的人對話時，你需要設下界線，因為對方沒有義務陪你熬過艱難的任務。界線有助於他們建立期望，而設下限制之後，你也可以重新找回體力和情緒能量。

05 同樣是加班，你是甘願還是咒怨？

你可能擁有一切，卻不可能長久留住一切。狀態顯得平衡，感覺近乎完美——但只是暫時如此。

瑪雅生性循規蹈矩，可是參加高中數學夏令營時，必須學會凡事自己做主，雖然求學期間一直努力取悅別人，卻依然在想做和該做的事情之間搖擺不定。大學畢業之後，她在銀行業找到工作：

「我接這份工作的原因，是因為它最難到手，我想要把自己放在不安逸的位子上。其實大四那年，我就已經知道自己不喜歡那份工作，做了兩年之後，我簡直痛不欲生。

「公司同事是臨界點。即使工作再困難、再不如我所願，只要同事人好，我都能夠應付得來。可惜情況並非如此，公司甚至存在著不公平的問題，明明不是員工的錯，還得背黑鍋，我也因此惹上麻煩。

「那年夏天的某個週末，我摔斷了腿。在救護車上，我的第一通電話不是打給家人，而是打給主管。我說當天晚上沒辦法交幻燈片，**主管連一句慰問的話都沒說，直接發飆**。於是我只好先去醫院，然後回家開始動手製作幻燈片。此事令我不禁深思：我到底在幹嘛？之後明明下定決心要辭職，卻還是拄著拐杖、步履蹣跚的上班，每週工作一百一十個小時。我不曉得自己如果沒有工作，要怎麼活下去。」

瑪雅開始參與婦女活動，尋求支援。另外，她提出一項成功的方案，改善了狀況，甚至得到升遷。此時她卻決定要辭職：

「繳還公司配發的黑莓機、走出大門的那一刻，我感到很興奮。那是個美好的豔陽天，我終於卸下了肩上沉重無比的負擔。我打電話給我媽，沒想到她氣急敗壞、又吼又叫，我只好跳上飛機，去印度的祖父母家避難。當年我接下那份工作是因為聽從父母之命，而且每個人都說我該去。所以，我的母親無法理解我的選擇。

「我只曉得自己不想做了。幾個月後我搬回家住，找到一份很棒的非營利工作。過去我曾參與許多有改革意義的專案，也擁有不少商業技能可以貢獻。我心想，我絕對能夠做得到！」

瑪雅的新工作**需要通宵工作，可是她很快樂**。從那時候開始，每換一份工作，她都擁抱新的挑戰與新的壓力。上次我們聊天時，瑪雅剛成為母親，正為了公司的數位轉型衝鋒陷陣，這次她領導的團隊規模比以往都還要大。

你願意為了什麼而奮鬥？

瑪雅的故事談到一個問題：「看你何時認輸！」此事要從兩方面來考量：這份工作，是否提供你一直想學習或想做的事？如果是的話，你撐得過這煎熬的過程嗎？若是覺得太痛苦，還是重新考慮吧。你可不願意才剛投入職場，就忍不住對同事暴力相向。你的答案是什麼？儘管瑪雅的故事是關於她的第一份工作，不過同樣的道理，也適用職業生涯的任何階段。

在你採取行動之前，想像一下接下來即將發生的事。你覺得如釋重負，但也有些不安，接下來怎麼辦？你可能像瑪雅一樣，什麼都想要，也可能擁有一切，可是絕不可能長久留住一切。狀態顯得平衡，感覺近乎完美——但只是暫時如此。反之亦然，壓力緊繃到彷彿即將摧毀一切時，也會慢慢消退。

瑪雅最喜歡的一句話，總結了上述陳詞：「人生的基本問題**不是你想要什麼，而是你願意為了什麼而奮鬥**[3]？」將辛苦奮鬥重新想成一樁好事——它意味著你正在學習和成長。

記住：今天看似混沌的局面，假以時日終將明朗。

---

3 出自馬克・曼森（Mark Manson）所著《人生頭號問題》（*The Most Important Question of Your Life*）。

06 壓力上門挑戰，這樣處理

為了成功，大家都賣力工作，得到許多報酬：財務獨立、別人的肯定、影響力、個人成長、快樂——這些都值得付出努力。報酬越高，我們感受的壓力就越大，這是一體兩面的事。

你的壓力是哪一種？工作帶來結構性的壓力，例如莎莉的壓力是天天製作出節目，克里斯多福的工作需要出差、面對無法預測的變故。有的壓力來自陡峭的學習曲線，莎莉、布羅迪、艾瑪的工作都必須邊做邊學，而且要學得快。

另外，每個人也會自己把壓力帶到工作上：布羅迪、克里斯多福、拉傑特、瑪雅的掙扎，都和完美主義、得失心重、自我要求太高、努力取悅別人……這些限制自己的心態有關。

多數時候，管理壓力是可以學會的技能，學會之後，不是減低壓力，就是你能應付得更好。假如你正在拚命努力應付工作壓力，不妨考慮以下這些建議。

釐清壓力升高的來源

撇開自我評斷，開始詢問為什麼、為什麼、為什麼，來解析你所感受的壓力：

一、蒐集事實。找出壓力來源，將它們列成一張清單，然後把真正困擾你的來源圈出來。

● 源於產業、公司或職務的外在壓力：注意觀察與你相同職務、公司、產業的人，是否都經歷過與你相同的壓力。營業員大吼大叫、新聞記者趕截稿、醫師搶救生命、諮商顧問出差負荷過大。如果落在你肩上的壓力過於沉重，請考慮究竟值不值得。

● 暫時壓力：學習新技能並不輕鬆，甚至很痛苦，可是學好之後工作將會改善——往往比當事人預料得更早。如果是學習所帶來的壓力，就要定時檢討你的情況；假如是文化或團隊帶來的壓力，光是增加技能，恐怕不足以減緩壓力，還需要多做其他改變。

● 內在壓力：有時候壓力是自己給的，你需要努力調整心態，才能解除壓力。

二、了解特定壓力困擾你的原因。舉例來說，你剛接到新任務，心裡不免覺得驚慌失措。為什麼？害怕自己力有未逮？持續問自己為什麼，直到你再也找不到更糟糕的理由為止：「我會失敗」可能變成「我不夠優秀」再變成「我不值得」。看懂我的意思了嗎？這麼做可以一層層挖出不斷加重壓力的恐懼。你要接受自己是凡人，不是無敵英雄，也不是機器人！這就是事實。

重新架構壓力

隨著逐漸習慣環境、學會更多技能、對自己的角色更自在，你的壓力很可能會降低。不妨試著採取以下這些步驟，決定是否繼續待在這個職位上：

一、檢討目標是否有所進展。提醒自己當初為什麼想要這份工作：你喜歡這家公司的哪些方面？你渴望學習哪些技能？將自己的目標**打散成小型里程碑**，然後把這些資料整合起來，創造一份發展計畫。你不必一絲不苟的遵照每一步細節，但是計畫有助**你看清今天的行動，如何接近長遠的目標**。如果你正在學習當初一心想學的東西，或是已經擁有當初渴望的影響力，就能忍受現在的壓力。

二、檢查你是否能夠減輕壓力，並至少減輕一部分。和同事、主管談談，詢問是否能轉換任務或改變工作進度，以便減輕壓力？你的同事靠哪些方法減輕壓力？如果你知道不管處在什麼環境，都必須面對壓力，就曉得換工作無濟於事，這時候就該內省並找出對策。

三、知道何時該罷手。總有些時候讓你想要放棄，但是一旦趕在截止期限前完成任務、掌握某項技能，或是主管換人，你可能就會慶幸自己留了下來。在你爆發之前，請先檢討自己的工作節奏，應該要高點和低點並存，萬一從來沒有在工作上體會過欣喜，就該好好思考去留了。

管理你能控制的部分

工作令人精疲力竭，累到你會忘記當初做這份工作的初衷。以下方法能幫助你重新肯定自己工作的意義：

一、專注於學習，而非績效。將每一次充滿壓力的挑戰轉化為學習，你無法控制成敗，但是能夠全力以赴，多多學習、改善自我。

二、設立界線。如果你不一開始就設立界線，猜猜看會發生什麼事？

- 檢驗現實。要知道自己的工作是不是欠缺界線，最好的辦法是問親近的人。
- 對自己誠實。如果你急於一炮而紅，那就別管界線了，不過你必須告訴關係親密的人，因為不論好友或家人，也都有他們各自的目標，所以在你做決定之前，請將他們考慮進去。
- 投入實際對話。壓力還可能來自未說出口的期望與憎惡，這些不見得是關於工作，你需要透過對話說出心事，這麼做可以紓解壓力。

三、對一部分的東西放手。你沒辦法面面俱到，所以要推敲出其他人能做什麼，哪些事情不需要做（或不必立刻做），哪些事情只有你能做。

- 將自己手邊的任務列出清單。畫一個田字方塊，其中一軸是從低到高的重要性，另一軸是從低到高的急迫性，然後在這四個格子中，一一填入你手邊正在進行的所有任務，將重要性和急迫性最高的任務，列為當務之急。
- 協商該放掉什麼。如果你有太多事情需要優先處理，就要和主管協商，放掉其中一些責任。也許你會感到難堪，不過與其讓別人事後失望，不如讓他們早點知道現實狀況，畢竟人人都討厭措手不及的失望。

四、建立一套檢討模式。每週或每月結束時（但是避開重大截止期限之前），花二十分鐘回顧你這段時間的經歷，不要從價值來判斷。首先，檢討你在哪些方面表現出色、學習到什麼。把這些都寫下來，這樣才不會忘記。接下來檢討你希望做得更好的部分，同樣要寫得具體、清楚。小心不要流於責備別人或以價值來判斷，如果你聽見內心出現批評的聲音，請將注意力轉回自我評估。定期檢討自己的表現，一旦情況改變，就要歸零重來。

照顧好自己

當壓力大到無法承受時，你必須設法改變。以下的技巧能幫助你找到紓解方法，短期、長期均有效：

一、向別人學習。壓力越大，就越覺得孤獨，可是你並非孤身一人，周遭的人可以幫你減輕壓力。請他們聽聽你的心聲、指導你，或是直接協助你。

● 尋找經驗比你豐富的人。如果你的工作內容屬於單打獨鬥型，那就去請教主管、導師或自己信任的同事，對方的資歷、經驗比你更豐富，值得聽取他們的意見。不妨把這項過程想成雙向關係，因為他們很可能也感受到壓力。

● 運用人脈，包括你的伴侶、朋友、父母在內。不過也要記住，其中有些人可能會使你更緊張，你要找的**對象，是不會把自己的意見強加在你身上的人**。

二、從小處著手。伴侶、朋友、父母、同事（甚至陌生人）都看得出你正在失去平衡，可是只有你自己能夠挽救頹勢。一步一步重新設計生活的某些部分，會比較容易辦到。另外要調整心態，再慢慢進行。

● 找出你現在還不夠照顧自己的理由。你為何承受痛苦？沒錯，工作製造可怕的狀態，先前你容忍這種情況發生，但你也可以決定是否接受。

- 改變心態。你很可能是在取悅別人，而不敢挺身說出自己想要什麼。你應該視個人需求，建立新的心態。
- 監督自己的行為。注意自己真正做了什麼，不要只說不做。你不需要百分之百遵守，只要做到足以加強你的心態即可。

不管從事什麼職務，壓力太大都會降低工作熱忱、破壞績效、摧毀你對工作的滿足感。你越能安撫內在引發的壓力，就越能控制難以避免的外在壓力。這不是指責你有錯，這個議題無關對錯，不過釐清壓力來源，卻是你的責任。當鍋子裡的水沸騰，即將滿溢出來時，要不要把鍋蓋提起來，就看你自己的選擇了。

第三章

犯下大錯時……

求職面試時，主考官常會請你談談過去的失敗經驗，其實對方並非真的要問這個。專家主張失敗是創新及勇氣的象徵，可喜可賀。然而失敗絕對與成功不同，理由很明顯：失敗令人痛苦。它所留下的傷疤很久才會褪去，不認同這種講法的人，全都是睜眼說瞎話。

任職於某科技公司的產品經理琳恩就犯過一些錯，每一個錯都和上一個錯誤糾結在一起，顯得更加錯綜複雜：

「我們試圖在某一天以前，推出一項產品功能。我被旁人說服，選擇比較輕鬆的途徑，主管也認為走這條路效果挺好的。然而開始動手之後，一位高層主管不喜歡我們執行的方式，他把我的主管叫去，沒想到這時候主管已經忘記，他先前同意過那項決定。

「主管告訴我：『我們可能確實討論過，可是當時我聽得不夠仔細。無論如何，顧客體驗都不應該打折扣，我們還是用正確的方式辦事吧。』這代表一切又必須從頭開始，內部團隊心情很不好，我跟他們說，我也許接受了不該接受的妥協，使我覺得自己失信於組員，只能在心裡責備自己，而且從來沒停歇過。此外，我也對改革感到擔憂，將這消息傳達給組員時，我心裡懷抱著愧疚感。我的主管說：『這是在搞軟體開發，大家應該對改革有所準備！』

「我學到如何反擊，假如讓步太多就應該急踩煞車，回過頭去找主管商量，延遲產品完工的時間。我喜愛完美、不喜歡別人對我生氣，也明白不可能討好所有的人，但我還是很難接受這些事實。」

最後琳恩還是準時推出那項產品功能，並沒有打折扣，原先看似一項錯誤，到頭來卻並非如此。不過，她還是對自己的愧疚感與卑躬屈膝，感到耿耿於懷。

錯誤會搞砸事情、產生負面的後果，一旦發生了，我們就需要採取行動避免再犯。接下來是復原期，犯錯後有些人依然成功，有些人卻深陷過去的錯誤而無法自拔，兩者的差異就在於是否復原。復原過程是可以學習的，以下這些故事將會說明：

- 你如何在違背承諾後反轉局面？扮演新角色的比爾看到一個出風頭的機會，沒想到卻因話說得太滿而掉進陷阱；他奮力向前進，卻一頭栽進坑裡。
- 如果不知道答案，硬掰一個卻錯了，怎麼辦？當某位資深客戶質問詹妮爾時，她像被車燈照傻的鹿一樣毫無反應，不曉得該怎麼辦。
- 如果錯誤全是因你而起，怎麼辦？凱特琳犯的錯誤，蓋過她原本應有的功勞。
- 你應該多在乎自己的錯誤？喬吉為自己的嚴謹與專業能力自豪，為了彌補錯誤，他需要這些實力助自己一臂之力。
- 你所犯的錯誤能夠給你什麼教訓？寶琳娜原先以為自己犯的錯是場災難，沒想到最後竟帶給她始料未及的正面結果。
- 你如何從無法彌補的錯誤中復原？伊莎貝拉別無選擇，只能設法繼續往前邁進。

這些故事都有令人滿意的結局，還有，我沒有說謊，每個故事都是真的。犯錯經驗令當事人難堪，同時引起許多不舒服的情緒，過了很久都難以平復。話又說回來，如果當事人睡眠充足、不要太緊張、多給自己一點時間、讓思緒更明確，就能避免這類負面情緒，這才是犯錯的真諦。

01 許下承諾卻沒辦到，怎麼反轉局面？

為什麼暫停一下，說一聲「我稍後再回覆您」，竟然那麼困難？

比爾的父親有輛一九六五年的克萊斯勒（Chrysler）三〇〇型老爺車，因為經常拋錨，所以比爾和父親星期六常動手修車，然後一起出去兜風。父親是位護理師，不過比爾很早就曉得自己想從事汽車這行，也相信這是他邁向成功的途徑：

「我大半人生都在教會度過，那也是我養成正直人格的地方。不論在什麼情況下，誠實都最為關鍵，你要信任別人，唯一的辦法就是相信他們所說的話，不管是在工作上還是足球場上都一樣。一個不正直的人，誰也不願與他為伍。」

然而，比爾犯的錯正是因為違背信任。那次手邊的專案才進行到一半，他就先去拜見高層：

「他們坐在桌前俯視我，對我說：『不敢相信你的進度居然如此落後，新人多半四天後就必須交差。』聽到這話，我只好拍胸脯保證說：『我會搞定的。』其中幾位主管開始大笑。我離開會議室後，對一些人講起這件事，才知道這專案根本不可能在四天內搞定，四星期倒是有機會。

「第四天我請求再拜訪那些高層主管一次，這次他們不笑了，我覺得很難堪，但還是開口表示：『今天我真的完成不了，不過這是我的承諾，我一定會在某某時候完工。』主管很高興，他們說：『很好，我們期待你準時完成。接下來，你每隔一星期就回來檢討進度。』

「我當然卯足全力趕出來了！那個錯誤也永遠不會再發生。我從我爸那裡學習到，別承諾做不到的事，他會說：『我會盡力完成，但只能承諾到這個地步。』如果你辦不到，就不要亂胡謅，別只是因為覺得必須說些什麼，就貿然開口。我學會承諾後就必須真的實踐。」

後來，比爾準時完成每項任務，因此一直穩定升遷，除了財務獨立外，也贏得更多信任。

切忌在「我試試看」的情況下，承諾別人

人人都會在沒有考慮後果的情況下做出承諾，不論是對某項專案太過興奮、太想要討好別人，或是覺得四面楚歌時，都比較容易在當下點頭說好。然後，承諾破滅，迅速侵蝕原有的信任感，這就是比爾學到的教訓。

想要力挽狂瀾很困難，但是絕對做得到，而比爾證明了這一點。犯錯後要趕緊掌握事實、修

改計畫、坦白認錯，並提供新的解決方案。接下來就要做得盡善盡美，符合主管的期待。當然，如果一開始就曉得無法信守諾言，最好不要答應對方的要求。

為什麼暫停下來說一聲「我規畫一下，稍後再回覆您」有那麼困難？首先你必須相信自己，正如信仰加強了比爾的自尊與信心。除了信仰之外，還要歸功於他有個體型大他兩倍的哥哥。比爾從小就有哥哥當保鑣，所以別人不敢欺負他，這也正是你需要的。

下回有人急著要你答應做某件事，你就想像身旁站著身材魁梧的大哥，就算你扛不住壓力，差點承諾超出能力範圍的事，你大哥也不會答應。

讓他出面吧。

02 不知道答案，掰了一個錯的

除非已經有經驗，
否則我們都會判斷錯誤。

詹妮爾從小在千里達成長，她與父母都在當地的一家商店工作，那家店最早是她的中國裔曾祖父母開的。三代人的奮鬥與犧牲，都是為了成全詹妮爾與她的兄弟。

詹妮爾長期處於長輩堅忍不懈的作風中，因此十分注重財務保障、專業知識和完美表現，後來她進了一家金融機構工作，恰好滿足這三方面。詹妮爾上班之後，本來每一件事都進行得很順利，直到發生了一次嚴厲的考驗：

「我們的客戶都是企業財務長和出納主管，他們非常資深，年紀也大得多。有一天，我的主管沒辦法去開會，只有我在場，客戶問了一些我不清楚的問題。當時我心想：該死！我應該曉得才對！

「於是我匆忙瞎編一個答案，以為那才是最好的辦法，其實大錯特錯。我以為這件事過去就算了，不會再被提起，但後來有一位比較資深的同事跑來對我說：『我想這個答案不正確。』這無異是種警告。我當時應該這樣說：『我不知道，不過我會再回覆您。』」

詹妮爾找到正確答案，並附在寫給那位客戶的後續電子郵件中。這件事雖然告一個段落，可是她還是繼續和自己的錯誤較勁：

「我不認為客戶會因此而生氣，不過我永遠忘不了那個經驗。從此之後，每次我說話時，總是會反省自己是否說錯。但是每次見到糾正我的那個同事，都會想起這個錯誤！實在太尷尬了。

「很多人說錯話卻不以為意，但我喜歡言而有信，我一定要做對的事、說對的話。這個行業有很大一部分全憑觀感，如果你說錯某件事，但一副信心滿滿的樣子，十個人裡面會有九個相信你。我從小被教養成自我批判的個性，自我意識較強，不過如果太過介意別人的看法，那就什麼都不用做了。」

那個錯誤答案早就被遺忘了，但是詹妮爾牢牢記住這次考驗所學來的經驗，並且好好利用。

說「不知道」，然後呢？

詹妮爾的主管將她一個人丟進那場會議，並沒有做錯，這是幫助她成長的方法。客戶提出難以回答的問題時，圓滿接招並不是輕鬆的事，這種錯誤人人都會犯一次；等到有了經驗，才不會再犯這種判斷錯誤。

站在對方的立場，就可以看得比較清楚。提問者為了得到正確的答案，會寧願等久一點，而不是聽到搶快而錯誤的答案。**說「我不知道」會建立信任感**，有自信的人不怕承認自己不知道，就算是專家，也不可能知道所有答案，但是他們曉得如何**迅速找到答案**。

你可以事先準備，練習這句口頭禪：「我不知道答案，不過我會再回覆您（說個合適的期限）。」練習會使你提前冷靜下來，當提問者有意刁難或問題難解時，先花一點時間吸收問題，醞釀如何回答。你要習慣不知道答案的情況，假如恐懼浮上心頭，記得提醒自己並非完人，世間也沒有完美無缺的人。萬一真的答錯了，你要這樣想：天塌下來了嗎？沒有，我還是完好無缺。

要贏得獨當一面的比賽，方法就是多歷練。迅速迎接任務，次數越多越好。為了達成目標，你要學習摒棄完美主義，因為追求完美會消耗精力，如果凡事只看得見黑、白兩色，看不到任何灰色，就會有逃避風險的傾向。

誰說你在工作上必須表現得最好？誰說你在任何方面（唱歌、舉重、教養子女或任何領域）必須拿到第一？誰又說你必須知道所有的答案？都是你自己說的。其實就算你不是最好的，也並不代表是最差的。說錯某件事不等於失敗，你已經很不錯，甚至可能更好。

在急迫中把事情做好，是工作的一部分。如果預先練習，那麼腎上腺素大量分泌後，搞不好還會令你愉快。

03 犯錯不能事後才承認，立刻承認可保住面子

錯誤彌補越快，傷害就越小。

凱特琳在城郊地區長大，那個地區只有她們一家是印度人，街坊鄰居看起來都比她家有錢。高中時她動了幾次手術，那段時間只能以輪椅代步。也許是這些挑戰激發了她的雄心與創意——以及急躁。凱特琳的老師鼓勵她，先別急著決定要走哪一條路，而要去嘗試她真正想做的事：

「我明白必須以嶄新的方式塑造自己，徹底改變生活。我學會彈吉他、替校刊撰稿，還學習如何與人交談。我發展出自嘲的幽默感，雖然稱不上是學校裡最聰明的學生，可是我想要有出人頭地的機會。

「舉例來說，我是高中數學校隊的隊長，每個星期一早晨要閱讀對外公告，就像普通體育校隊隊長一樣。到了大學，我製作一部寶萊塢電影，哪怕自己既不能歌、也不能舞。爸媽告訴我：

『不管人家要妳做什麼，一概答應就對了。』」

大學畢業後，凱特琳加入華爾街的一家證券交易公司，一開始，她覺得那些扯著喉嚨喊價的交易員討厭她，過一陣子以後，她才學會心平氣和的與對方交流。這下她有了信心，居然發明一種新型交易方式，主管也跟著核准放行。沒想到新辦法才實施幾分鐘，凱特琳就搞砸了：

「本來該賣出，我卻買進了！我覺得像是惡夢一場，難過得不得了。我怎麼能夠犯這種錯？人人都會犯錯，可是我的過錯，壓過本來可以大出風頭的成就，結果我們賠了好多錢。

「我的主管很生氣，每過幾分鐘就問我賠多少，這令我更加緊張，因為股價還在波動，而我卻一直在賣出股票。這個過程進行好幾個小時，我甚至以為自己應該另謀他職了。

「直到我掛的賣單全消化完畢，主管問我最終損失金額是多少。我說我很抱歉，解釋自己不夠小心，並保證不會再犯。他開始冷靜下來，到了下班時，他說：『好啦，這種事情難免的。』

「我有兩個非常要好的朋友，那天下班我們相約出去小酌，我忍不住吐起苦水。他們說我犯的錯誤很愚蠢，不過不是特例。直到如今，每次我想起這件事，都會為自己的愚蠢而顫抖。

「第二天，我的主管說：『妳不能再犯這樣的錯誤，這令我很難堪。』在我們的整段對話當中，這是他最嚴厲的一句話。我很難過，可是交易需要專注，於是我把問題拋在腦後，繼續正常工作。

「從那時候起，我**用更好的表現取代那項錯誤**。每次稍微出點小錯，我都會嚇得半死，**一再檢查，確定無誤**。你也可以說我成了偏執狂。」

凱特琳終於恢復原樣，她注意到其他人同樣會犯愚蠢的錯誤，也沒有被開除。後來她與另一位同事合作，成功實現她的點子。問她有何結論？凱特琳說：「棒透了！」

犯錯了立刻承認，然後呢？

犯錯的當下可能令人呆滯、癱瘓，內心有兩種想法相互衝突：「我是好員工」和「我犯下可怕的大錯」。不過迅速彌補錯誤可以減少傷害，這時候你需要召喚內心那位嚴格的教練，出來應付當下的局面；想哭的話，以後多的是時候。你必須立刻認錯，真心道歉並懺悔，然後**馬上採取修補措施**。

你的主管可能需要一段時間才能平靜下來，而你可能需要更長的時間，才能不再戰戰兢兢。錯誤帶來的疼痛揮之不去，理由是使我們保持警覺與謹慎，避免再犯相同的錯誤。

04

讓事件落幕的方式，不是辭職

犯錯有個好處：既然覆水難收，
事後如何作為才重要。

喬吉的童年在佛羅里達度過，卻一點也不輕鬆。喬吉自認是個異鄉人，許多方面比不上別人，可是話又說回來，那些年所培養的堅毅與韌性，卻幫助他在多年後的職場上谷底反彈：「我十一歲時父母離婚，過程十分激烈，那種事情實在不該讓孩子目睹。這使我對別人的感受更加敏感，我從不嘗試與人正面衝突，反而試圖解決紛爭。長期以來，我處事都用邏輯思考，這對我來說更有意義。我可以理性面對錯誤，思考使我體會到自己喜歡知性的刺激。」

喬吉的行為一直都「符合正軌」：上大學、擔任財務分析師、就讀商學院、成為投資公司合夥人——**他的經驗總是一帆風順，因此一旦犯錯，確實令大家跌破眼鏡：**

「我們想要盡力對一組帳戶實施標準化，我花許多時間，確認這些帳戶的所有細節都正確無誤。然而過了幾個月，客戶都已經簽妥新合同，我才發現自己犯了天大的錯誤，害公司損失很多錢。原來我遺漏一個項目，因為經驗不夠。那是我們一向反覆檢查、確認無誤的項目，可是這次我漏了檢查。我請教一位同事該怎麼辦，他說錯了就算了，什麼也不要做。然而，我認為需要趕快認錯，而不是等到事情爆發再去處理。正常來說，我應該要告訴上級主管，可是他正好出差，於是我向主管的上司報告，覺得自己大概會被開除！

「我的主管回來後很生氣，但他還是把問題解決了，叫我不必擔心。他說有人還犯過更大的錯誤，害公司賠過更多錢。我很想相信他的話，不過公司的確為了彌補這次錯誤，而賠了一大筆錢，我們團隊裡最資深的主管，以公司的名義負起責任，而我需要他放我一馬。」

喬吉焦慮的等待宣判，他預計會接到高層的通知，卻始終沒有人找他：

「我辛勤工作，料想沒有人比我更刻苦了。我估算數字，看自己能否賠償因錯誤而損失的錢，這麼想多少有些安慰。我還**準備一份小抄，將自己學到的教訓寫下來**，在妻子面前排練。我隨身攜帶這份小抄，以備主管臨時召見。

「我學到將異質性高的東西化為標準作業，這種複雜的程序都需要專人負責，至少得想出一個辦法，把所有相關事項匯聚成一個整體。以我犯的這個錯誤來說，如果有這麼一個負責人在，就算我遺漏某個地方，他也能幫我發現問題。」

那年年底，喬吉的錯誤並未出現在上級給的考績上。他是應該放下，繼續往前走了。

怎麼做，事件才會落幕？

人有兩種：一種是犯錯後會坦白承認，另一種是死也不認錯。喬吉絕對屬於第一種，他自認犯的錯誤很嚴重，這使他迅速採取行動。等待只會加重錯誤，他的主管也許會發現，然後質問他：「你怎麼沒有早一點告訴我？」

犯錯有個好處，既然覆水難收，事後如何作為才重要：協助解決問題、彌補損害、避免再犯。喬吉想出問題根源，並且**找到解決對策，同時做好準備，隨時可以討論這項對策**。他從那次錯誤學到不少教訓，後來得到原諒，過錯也被遺忘了。

犯錯時最難的部分是放下強烈的情緒，比如羞恥、難堪、悔恨，當事人必須很努力才能夠釋懷，繼續往前進；若是沒有受到懲處，心理尤其難平復，因為感覺這件事始終沒有落幕。喬吉把自己準備好的教訓小抄帶在身上，藉此獲得一些安慰。另外，步調快速的工作，也在這個時候發揮用處：明天還有更多工作，有新的問題需要他全力以赴。

所以請注意，如果犯錯之後一直鑽牛角尖，就永遠擺脫不了這項錯誤，強烈的情緒將為客觀的現實投下陰影。犯錯之後最糟的結果，是錯過其中隱含的一絲光明——當事人所受的教訓。

05 不能得罪的人，導致你受迫性失誤

除非你決心自我毀滅，
否則諷刺的是，錯誤反而會加速你的學習。

寶琳娜生在波蘭，八歲那年移民到加拿大，後來又到美國上大學。當年誰料想得到，寶琳娜會拿到分子醫學博士學位，之後在創投公司找到一份令人垂涎的工作？

「我永遠記得從波蘭遷居到加拿大時，我在課堂上一個英文字也不懂。因為太久沒看到父親，我竟然叫他『爸爸先生』。晚上我哭著入睡，一心只想回到家鄉的小村子。久了以後，我明白如果自己熬得過來，世界上就沒有別的事情難得倒我。我曉得自己要拿到成績平均績點（GPA）[1]四．〇的優秀成績，所以非常拚命，別人都上床睡覺了，我還在唸書。那時候我很

1 Grade Point Average，為美、加大多數大學及高等教育院校評估學生成績的制度。

快樂、很平靜，如果我願意的話，可以應付四門主修，讀醫學院、拿博士學位，反正什麼都行！聽起來很臭屁，可是我確實感到渾身是勁，要做自己想做的事。」

信心滿滿的寶琳娜沒有料到她會犯下錯誤，耽誤自己迅速發展的事業。當時，她負責與一位很有才華的創業家談投資案，對方是她任職的創投公司執行長的好友。

「主管要我自己想辦法弄清楚這件事，包括牽涉到的科學、醫學應用，以及究竟有沒有生意可做。我們來回討論究竟要不要做這件投資案。

「某天，我在溝通時出了錯誤，告訴對方我們公司願意投入數千萬美元。那位創業家以為投資案已經敲定了，等到搞清楚、知道一切尚未定案時，他真的氣瘋了：『那我們還討論什麼？』我陷入思考，要怎樣解決這個錯誤？以後再也沒有人想和我談生意。我天生不是這塊料，我做不來！

「那位創業家接著打電話給我們的執行長，抱怨我們公司已經評估了四個多月，仍然不肯拿錢投資。這下子麻煩大了，執行長之後打電話給我，我向他陳述事情經過，最後說：『我想我搞砸了。』」

這個故事的情節和寶琳娜的運氣，在這一刻有了重大轉折，完全出乎她的意料：

「執行長說：『我只是要讓妳知道，妳此刻什麼也沒有錯。』我心想：他到底是什麼意思？他又說：『我打算弄清楚究竟要不要投資這個案子，然後在公司開會時討論一番。我們欠他一個答案。』他覺得不必再多做什麼，我們只要決定就行。

「我感到失望，但心想：我來公司三年，表現一直很傑出，目前為止也只搞砸過這一件，我一定能從中學到教訓；這樣也不算太差。反正最糟的情況是被炒魷魚，我還有很棒的家庭，日子還是過得下去。主管曉得這是個學習契機。只有鑽研得夠深，才能犯這樣的錯誤，否則你沒辦法進入下一個事業階段。」

公司開會決定是否投資該案時，大家才知道這件事。執行長把控制權交回給寶琳娜，她修復關係的裂痕，還加入創投公司的董事會，職業生涯繼續一飛衝天。

對象難伺候，然後呢？

寶琳娜覺得自己戰無不克，一心一意創造生命中的機會。凡人都會犯錯，但這樣的經驗確實令人氣惱，當下的感覺是大難臨頭，也差點釀成嚴重後果。

那位創業家發飆時，寶琳娜沒有準備好應付難搞的對話，所幸執行長把這件事轉化成教導部屬的良機。這則故事的焦點並非執行長的英雄行徑，而是他適時出手，令寶琳娜的經驗有了正面意義。

寶琳娜學到：**面對難搞的對象時，不要企圖討好對方**。還有，**直率的態度能建立信任感，求助也不代表示弱**。除非你真的決心自我毀滅，否則諷刺的是，錯誤反而會加速你的學習。

06 錯事需要復原，而你需要復元

在震驚的當下，你的思考停止了。
然而我們需要氧氣才能思考，反正木已成舟，你還是深呼吸吧。

伊莎貝拉的背景，和她的職業生涯一樣多彩多姿。她在小學三年級以前都住在中東，後來父親返回東南亞的家鄉，伊莎貝拉和母親、姊姊則移居美國。對她來說，生活和奮鬥是一體兩面：

「我們原本有很多東西，可是來到這裡，錢已經花光了。我們的媽媽受過大學教育，現在為了生活，什麼工作都得做。我不懂事，只覺得立足之地彷彿被抽空，但那使我們的家更團結。生活過得很狼狽，我想著必須經濟獨立，以適應未來的環境變化。」

伊莎貝拉對電視這一行充滿熱情，哪怕要通宵工作、應付嚴苛的環境，也樂此不疲。她非常**喜歡這個行業，這也使她能夠欣然面對工作的起起伏伏**。在討論伊莎貝拉犯下的最嚴重錯誤之前，我們先來欣賞她的成就：

「我們節目只有我一個人，獲選去報導一項非常重要的活動。我不知道自己在做什麼，一直煩惱會把事情搞砸，沒想到資深領導人誇獎我做得非常好。其實我總覺得自己表現得滿好的，可是我們對自己的信心，總是不如別人相信我們的。

「總統大選的隔天早晨，由我負責做節目的開場白，也就是現場轉播的第一段。這是件大事，而且只有我和編導兩人搭檔。那個星期我只關注這件任務。

「我們大概是在轉播前一晚的午夜時分，提早完成部署，不過熬夜工作把我們累壞了。編導倒在一張躺椅上打瞌睡，早上五點要直播，我費了好大的功夫才把他叫醒，不知道為什麼攝影機也不太靈光。然後悲劇就那樣發生了：我聽到棚內主播的聲音、聽到新任總統致詞，可是眼前沒有畫面，只有一片黑。

「那是我第一次，也是最後一次開天窗，我們沒有及時把影像播出去。有人對我大吼：『你為什麼沒有找人幫忙？』那一刻，人人都在叫喊。如果可以的話，我也會對自己咆哮，可是我的下巴彷彿卡死了，嘴巴怎麼也打不開。我難過到不行，以為自己一定會被炒魷魚！這感覺就像是世界末日。」

事後伊莎貝拉的主管聽取她的報告，**要她說明當時應該怎麼做，才不會出這樣的錯**。他們把片子修改好，趕上美國西岸的播出時段。過了很久之後，伊莎貝拉才以嶄新的角度，看待她的那次錯誤：

「雖然這件事讓電視臺丟臉，可是我明白沒有那麼嚴重，到頭來只不過是電視罷了。你必須繼續工作、做下一檔播報，反正又不會出人命！這種事難免會發生，它讓人警醒。

「這個過程花了我好一段時間，然而每天晚上我仍然有一、兩則新聞要播報，假如接下來的五則新聞反應都很棒，那麼一則出錯的報導引來責罵，就顯得沒那麼嚴重了。」

犯錯的當下，深呼吸。然後呢？

當牆壁倒塌時，你會怎麼做？伊莎貝拉家遭遇到的挑戰，使她做好應付危機的準備，她曉得**第一要務是繼續呼吸**。有時候你也別無選擇。

如果你不曉得下一步該怎麼做，那就加緊端出好的成績，**每一次新的成功，都能稍微抹去你先前的過錯**，而最近的成功，也會轉變為職業生涯發展的路徑。

此外，也要注意恢復情緒，你犯的錯誤感覺上可能是損失（比如失去工作或健康），即使別人早已忘記這場過錯，過了很久自己依然放不下。請正視這個現象，因為你需要繼續前進，不要讓悔恨與愧疚扯後腿。在復原的道路上，對自己仁慈一點。

07 當年的荒唐錯誤，日後是你的英雄事蹟

人都會犯錯，有些悔不當初的錯，真的令人痛徹心扉。成功的過失者與犯錯後一蹶不振的人，有一點不同：前者的恢復能力很強。過錯不會因為年紀漸長就變少，事實上，如果你犯了錯卻**不認錯，只會使別人質疑你的能力**。

文過飾非會使情況變得更加複雜，萬一別人發現你刻意隱瞞過錯，**就無法再信任你**，質疑你這個人不正直。你犯了錯，就是你的責任，必須承擔後果。**如今大家生活在天涯若比鄰的環境中，犯錯的後果恐怕比你想像的更嚴重**，所以要更小心。

工作上犯錯的機會太多，我分享一系列的故事，就是要向讀者保證人人都會犯錯。琳恩懷疑自己，比爾過度承諾，詹妮爾因為缺乏判斷而說錯話，凱特琳執行不力，喬吉沒有發現一處疏漏，伊莎貝拉失職，寶琳娜想當好人、而避掉必要但難以說出口的話。他們全都慷慨分享自己的故事，值得讚賞。

雖然這些錯誤，都是當事人在事業初期或中期時犯下，但同樣適用於職場老鳥。我們要記取

教訓，**並非一開始就避免犯錯，而是了解當你失去平衡之後，重新找回平衡將會帶來成功。**雖然會不斷犯錯，可是我們能夠學習減輕錯誤所造成的衝擊[2]。

確認犯錯，坦然承認

精疲力竭、時間壓力、老闆發飆都是警訊，告訴你可能要發生某項錯誤了。當你處在震驚狀態中，很容易錯過這些警訊，因此應該做下面這幾件事：

一、評估這個錯誤的嚴重程度。弄清楚你做了什麼，確認真的有錯誤（可別是誤會一場，或者錯誤根本小到不值得一提），同時評估損害程度。假如你無法量化損失，先判斷損害的性質，例如惹（潛在）顧客生氣，或是品質出了問題。如果你自以為錯誤微不足道，在斷定之前，先找個同事問一問，是否該對這項錯誤採取行動。

二、承認犯錯。由於害怕承擔後果，一般人通常會掩蓋錯誤。然而如果你已經感到緊張，那麼這個錯誤多半很具體，應該通報出去。但這不表示你該刻意受罪，懲罰自己。

● 提醒主管。商務世界並非只有黑白兩色，你的主管或許站在比較有利的位置，可以評估你犯的錯誤究竟有多大，以及怎樣解決最好。如果你的主管剛好不在，就找一個經驗比你豐富的同事求援。

● 道歉。用合宜的方式道歉，並保持冷靜與理性。這一部分確實挺討厭的，不過你應該把焦點集中在及時改正。一旦道過歉，你就有責任修補錯誤了。

真正的道歉不像表面看起來那麼簡單，專欄作家凱蒂．席妮（Katie Heaney）[3]將道歉分成四部分：

1. 審慎選擇用詞，比如該說：「我為××感到抱歉。」絕對別說：「我很後悔發生××。」
2. 為你說的話、做的事展現真誠的悔意。
3. **用主動語氣表達負責任與認錯，因為被動語氣暗示你沒有錯**。
4. 簡短解釋如何不再犯，因為**一再犯錯的人即使滿口抱歉，也讓人覺得不真誠**。

---

2 如果你想要了解更多有關錯誤的故事，包括我自己犯的一些大錯，可以閱讀潔西卡．巴克爾（Jessica Bacal）的《人生本來就塗塗改改》（*Mistakes I Made at Work*）。

3 席妮的文章「道歉專家教你如何說抱歉」（*The Apology Critics Who Want to Teach You How to Say You're Sorry*）還提到蘇珊．麥卡西（Susan McCarthy）。麥卡西建議道歉時不要穿插「如果」的字眼，這樣就算聽起來像道歉，對方也覺得你想逃避責任。

構思你的改革計畫

計畫會幫助你避免再犯相同的錯誤，假如你正處在危機當中，先暫時擱置這一部分，等到已經修正錯誤，或是別人開始動手修正錯誤時，你就有時間重新部署：

一、尋找根源。找到最脆弱的一環後，就要透過重新設計流程，剷除這個環節的弱點。以下是幾個簡單的辦法：

- 不要當場做出承諾。**在你做出新的承諾前，先確認你真的能實現它**。
- 依賴他人的判斷。在你釋出重要資訊前，**先和別人商量一下**。
- 中途暫停。在你匆匆採取行動之前，先暫停一分鐘，並理性思考，檢查自己是否一時糊塗了。
- **增加制衡機制**。舉個例子，如果你犯的是試算表方面的錯誤，就加上第三方檢查的程序。如果你一個人工作，就添上短暫休息的時段，等休息過後再回頭檢查，以防疏漏。如果可能的話，最好晚上徹底睡個好覺，第二天早上再檢查一遍。

二、風險多大，警覺就要多高。任務的風險越大，你就應該越小心，行動之前要先思考會牽涉到什麼。並非所有錯誤都有正面意義，有些錯誤事關重大，不可輕率。反觀假如某項錯誤的代價微乎其微，那就另當別論了。

三、改變行為。如果你的解決對策是更努力工作，那還是重新考慮比較好。**更努力工作並不保證不會犯錯**，反而可能使你更容易再犯相同的錯誤。**你必須改變行為**，比如開車時眼睛盯著馬路，而非路旁的大樹。

出錯當下就東山再起

從你犯錯的那一刻起，復原的過程就開始了。這聽起來很奇怪，但是別人將會根據你在危機當下、危機之後的表現來評價你，程度並不亞於你鑄成錯誤時的行為：

一、專心致志。釀成錯誤之後，接下來收拾善後，你可能多少有點責任。有時候主管會替你解決錯誤，有時候必須靠你自己和你的團隊收拾殘局，還有些時候根本就覆水難收，沒有挽回的餘地。不論是哪一種，你都要：

● 避免被嚇得動彈不得。處在危機狀態下，因為驚嚇而無法動彈是很自然的反應，可是對解決事情毫無益處。假如你因突然犯了錯而嚇得手足無措，這時改變身體狀態就會安撫情緒，比如**洗把臉或喝點水，讓自己休息幾分鐘**，幫助大腦恢復正常思考。

● 先將情緒放在一旁，專心完成任務。你的本能可能是一有機會就道歉，別再這樣做了。當你面對砲火時，根本沒有處理情緒的餘地，在你承認錯誤的那一刻，誠心道歉的心願已經表達出來，一再重複道歉只會產生反效果。

● 堅持到錯誤解決為止。**除非主管交代下一步，否則你不要表現得若無其事**。你需要拿出此事急迫、願意盡一切力量擺平的態度，包括熬夜加班或接下額外的任務。可能要過一陣子，情況才會改善，所以你要堅持下去。不計任何代價，都要全心全意投入。

● 必要的話先讓開。假如別人已經接手，請勿製造額外的工作或加深緊張情緒。如果有人從你的手中接過那個錯誤，那你接下來的任務就是好好回去工作。

二、尋求協助以利復原。別人可以幫助你修補錯誤，讓你從錯誤中學習教訓，這樣一來你能獲得雙倍好處：對方的見解使你更堅強，而你也能將他們爭取過來，與你站在同一邊。

● 向朋友和同事求援。假如你主管的反應是暴跳如雷，那就向在乎你的同事和友人求援。為了安慰你，朋友、同事多半會招認他們曾經犯過的錯誤，奇怪的是，這會令你感覺好多了。順道一提，不要去找根本不了解你的人，這不是理想的時機。如果你是公司的菜鳥，那就向你最熟悉的人求救。

● 聯繫受到牽連的人。你可能需要聯繫那些被錯誤牽連的客戶，或組織的內部顧客，向他們致歉，請對方提供改善流程的想法，這樣才算應對得宜。如果你不曉得是否該聯繫這些人，最好請教你的主管。

● 組織對話。確保在組織對話時，心中一直保持積極的心態，比如**請教他人在犯下錯誤之後，是如何劃下句點的**。避免一再重複道歉。

三、認真復元。下一步要思考你如何復元。盡可能顧及每一方面，包括身體、心理、情緒、精神，以求繼續往前走。

● 利用身體活動來放鬆。快步行走或即刻鍛鍊都有療癒效果，你的大腦需要休息，讓它休息一下，它會感謝你的。

● 安慰自己。腦子裡出現一個負面思緒，需要三到五倍的正面想法才能夠抵銷。你可以這樣想：我是勤懇正直的人，只想把工作做好（另外再想四個就行了）。

● 紓解一些壓力。從事能幫助你放鬆的活動，例如聽療癒音樂、練習冥想、按摩、與朋友觀賞體育競賽，或是重讀一本心愛的書。

● 致力於工作。有些工作步調飛快，逼得你不得不專注在工作上，這是很自然的事。萬一不是，就刻意把注意力從覆水難收的錯誤中拉出來，轉移到新工作上，努力忘掉先前的挫折。

● 繼續把焦點鎖定在復元。大多數人以為往事已經結束，但其實復元的需求依然存在。繼續維持你的復元活動，直到身體、心理、情緒各方面，都從那場錯誤中走出來為止。

四、爭取好成績。**創造新的成功，有助於消弭那次錯誤對你整體績效的衝擊**，此外還能帶來額外好處：你可以帶著有點距離的客觀立場，回到原先犯錯的情境。把焦點放在成果上：

- 務必肯定自己。**保持寫日誌的習慣，每星期檢討自己的成就**——例如迅速反應、睿智的提醒別人、學習到某件事情、看見光明面等。注意自己學習到什麼，以及未來希望改善或學習的地方。過幾個月之後，你會發現日誌比任何書籍更有幫助。
- 眼光放遠。想像三年或二十年後，回顧這項錯誤，你會發現大部分錯誤會隨著時光消逝，而變得比較輕微，有朝一日，那個錯誤可能會成為你樂意與年輕人分享的故事，那時候你已經是後輩崇拜的偶像了。

說到底，天底下沒有一種藥，能夠抹除犯錯在當事人心中留下的記憶。也許你仍感到惶恐，但主管在考核你的績效時，並不會特別針對你的錯誤，而是注意你在犯錯後的表現。如果這樣還沒辦法令你釋懷，不妨這麼想：當你還忙著懲罰自己時，其他犯錯的人已經超越你了。切勿讓錯誤阻撓自己進步，否則將比犯錯本身糟糕十倍。

第四章

考績不佳，該憤而離職或伺機逆轉？

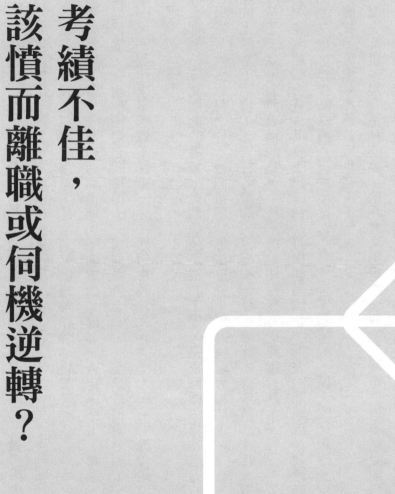

當你拿到令人失望的考績，多半是因為犯錯所致，這種情況並不罕見，幾乎人人都經歷過，不過只有少數情況會讓當事人離職。如果你的事業生涯起步得早，也許能夠避免這種情況，但這不是重點。這裡要討論的重點，是拿到欠佳的考評時，該怎麼辦？

考績差會對當事人帶來一連串負面情緒：不敢置信、憤怒、否定、憎恨、難過、受傷，他們的反應就像是鐘擺，在兩個極端之間擺盪：「那個混蛋！」、「我是這裡的白痴！」、「我痛恨這份工作！」、「我什麼事都做不好！」、「他們拿我當代罪羔羊！」、「誰會僱用我這種失敗者？」、「那個@#$%！」

大部分人都期待拿到體面的考績，他們兢兢業業的工作、完成目標，認為自己的考績應該不差才對。結果呢？大出意料之外！他們震驚到無法接受，更遑論理解和消化。

考績差的人通常不明白，其實打考績的人也一樣難受。因此，當考績面談時，主管不是故意裝出草率的樣子，就是面無表情的唸著小抄。這也使得雙方更難以對話。

但面對欠佳考績的方式，其實不只一種。打從訪談開始，傑夫的問候就令我感到窩心。他說住在中西部的父母，年輕時是嬉皮（hippie），有著博愛的精神。傑夫的父親總是會在家人生日當天趕回家慶賀，哪怕熬夜趕航班也在所不惜。

可是，傑夫卻覺得沒有這種必要，他在成長過程中，只知道鞭策自己不斷完成目標。直到大二那年，他在足球場上發生意外，一條腿粉碎性骨折。躺在醫院的那三個星期，傑夫感受到家人的溫暖，才開始理解父母的心態。之後，他負責招攬與培訓大學畢業生：

「那次有個分析師的職缺，一開始有五十位應徵者，經過淘汰剩下十位。大家開會討論後，都很中意最後勝出的那一位，不過我的主管和主管的頂頭上司都認為，她不是這份工作的恰當人選。問題是這位應徵者活潑又聰明，受過良好教育，所以我還是錄用她了，可惜她的表現並不理想。以往我的工作績效都很不錯，但這次經驗真是當頭棒喝，我覺得讓她、也讓我自己失望了。

「這位應徵者試用滿三個月時，我與她開會檢討結果。開口通知她考績欠佳的消息時，心裡很難受，因為必須眼睜睜看她變得情緒化、哭泣。她覺得我沒有在她身上花時間，還有我的言行舉止很嚇人，但我從來沒聽說過。她又說她對團隊沒有歸屬感，這令我震驚，然而那確實是她的感覺。但願我能及早介入，讓她更成功一點，我親眼看著事情發生，卻沒有採取行動。

「我要她告訴我，她需要什麼才能表現得更好，這樣比較像同事對話，而不是主管教訓部屬。我謝謝她的回饋，並說自己需要一點時間反省。那天的會議倉促的結束了，我回到家裡，心情很差。」

當天晚上，傑夫在健身房的跑步機上，整整思考了兩個小時。他覺得自己喜歡討好別人，總是想把事情做好；不管喜不喜歡，他都已經逐漸接受並擔任管理工作了。

「我告訴她，我看不出來她渴望進步或表現出色，我想知道她的看法與感受。我逐項討論她的分數，然後請她想一想究竟喜不喜歡這份工作，如果喜歡，我們再一起想辦法。

「每一則故事都有兩面，你不能只是立即反應，還需要透過回饋去思考。接下來的兩個月，情況有所改善，她覺得自在很多，也繼續努力工作。可惜到最後，我們雙方都明白她不適合這份工作，所幸她另外找到工作了，比在我們公司合適。直到現在我們還保持聯繫。」

傑夫認為這位分析師是他招募進來的，就該將心比心的對待她。傑夫稱考核為績效檢討，而非人事檢討。傑夫的故事強調一件事：**不論擔任什麼職務，你的為人也同時受到評價**。

績效欠佳帶來的挫折，不會一夕之間消失，可是它能加速學習與發展。等到心情平復後，你就會得到新的見解與知識，就像下面這些故事即將告訴我們的一樣：

- 如果績效欠佳、完全出乎意料怎麼辦？威爾的失言，透露出連他自己都不曉得的需求。
- 如果你不想根據考績標準採取行動，怎麼辦？艾芙表現優秀，卻發現考績令她失望。
- 覺得考績不公平怎麼辦？茱莉亞一年內換三個主管，但第三位卻負責評定她的全年考績。
- 如何將悽慘的考績轉變成珍貴的價值？艾莉雅的考績令她失望，直到她開口求助才有所改變。
- 優秀的考績是什麼樣子？若是有莎拉這樣的主管，人人都該表示慶幸。

大多數人都把焦點放在考績公不公平上，而錯過隱藏在其背後的價值。如果考績促使你採取行動，你就是贏家，因為你找到了價值。

先把焦點放在復原，然後再接再厲，你可以向同事或打考績的主管求助。當然你也有別的選擇，可是如果你不善加利用這次的錯誤，卻憤而離職，那就白白浪費大好機會了。

01 說錯話、開玩笑得罪上司

除非身處危機之中，
否則不分時地，道歉總是管用。

打從威爾轉售父母送他的夏令營禮物開始，他就是個創業家了。高中時代，他創辦網路設計事業，還成為緊急醫療技術員（Emergency Medical Technician，簡稱ＥＭＴ）。威爾本來計畫未來要當醫生，可是他熱愛經商，大學畢業後加入一家大型工業公司，渴望成長為領導人：

「在我成為緊急醫療技術員之前，從來不認為我自己是領導人。身為組長，我必須負責三名組員和一個病患，根本不曉得眼前會遭遇什麼狀況。如果缺乏自信，別人會占你便宜，你需要擁有與人互動的技巧，才能夠體會別人的感受。

「我調整自己說話的方式，在對話時嘗試理解對方的感覺。如果對方覺得不妥，我能感受得到，然後設法改變。這麼做對我現在的職業大有幫助。」

在工作中發揮設身處地、為人著想的精神，是威爾必須學習的技能。故事要從他參加領導訓練營時，開了一個（他自認）無害的玩笑說起：

「朋友問我督導長什麼樣子，我說：『她真的很胖。』我隨口挑了一項個人特質來開玩笑，純粹是惡作劇。接著督導走了進來，我朋友問她是什麼人，因為他不認識對方。接著房裡氣氛變得很詭異，督導不曉得為何大家都笑了起來。

「看到督導四處張望、一頭霧水時，我才明白自己做錯事。她問了好幾次怎麼回事，我心想：這件事恐怕沒辦法隱瞞了。為了保護其他人，我決定說實話，解釋大家在笑什麼，督導聽完後說：『我不懂這有什麼好笑的。』原來她對自己的體重相當敏感，我顯然犯了大錯。」

他們繼續上那堂課，可是這件事並未結束，證據出現在威爾的年終考績上。威爾對自己考績不理想感到驚訝，於是去找評分小組問個清楚：

「負責我那項任務的領導人，給我評分表現優良，然而送去給督導檢核時，我的「軟性技能」項目評分被調降兩級，因為我在她背後說她肥胖。我已經完全忘記那件事，當時我開那個玩笑其實沒有惡意，大家全都在飯店裡，又剛畢業、到哪裡都喜歡說笑打鬧，畢竟那裡是結合社交活動和工作的場所，如果是在救護車上，我絕對不會開玩笑。我真的沒有傷人的意思。

「那一刻對我而言，真是當頭棒喝。先前我不知道督導感覺很受傷，所以並沒有道歉。當時我想過道歉可能於事無補，而且那時我們正在討論別的事情，我記得曾經提到失言的事，卻沒有真正開口說：『對不起。』一想到我傷害了別人，心裡就覺得糟透了，而且也很尷尬。現在他們給我評了壞成績，我反而很高興。」

威爾牢記這次差勁的考績，他**正式向督導道歉**，並努力修補關係。回到正軌後，他晉升為創新發展副總裁。

同理心和道歉是必要的軟性技能

威爾很自豪自己能設身處地的為人著想，然而他拿到的考績卻與此背道而馳。威爾得到的回饋是他欠缺軟性技能，為此他耿耿於懷，但沒有想到這次令人不愉快的意外，最後竟變成很好的教訓。

威爾以為別人知道他為何沒道歉，後來他才明白另一個人（督導）也氣在心裡。站在對方的立場使威爾學到，很多事並非外表看起來那樣。

威爾的第二個教訓是**沒有當下道歉**，除非身處危機之中，否則不分時地，道歉總是管用。和其他型態的錯誤一樣，拖得越久就越難說對不起。威爾想太多了，希望想出更有誠意的道歉，結果反而錯過時機。由於遲遲沒有採取行動，本來一件小事卻像滾雪球似的，變成一樁大事。

威爾最終接受自己有必要加強這兩件事，他根本不曉得自己有這個需求，也沒有想到考績欠佳反而帶來良好的結果。

02 不會做人，怎麼帶人？

在夠好與絕對完美之間，
存在著很大的空間。

艾芙的旅程從奈及利亞出發，接下來陸續抵達紐約和矽谷（Silicon Valley）。她的姐姐從事外交工作，從小到大循規蹈矩，沿著傳統路線，樹立令人仰望的標竿。然而，艾芙走的是完全不同的方向，她自己成功闖出一片天，帶領麾下的團隊，推出引人注目的應用程式，並拿到非常出色的考績。可是她在工作一年十一個月又二十天之後辭職了：

「推出對公司至為關鍵的產品，對我來說很重要。那是我們產品團隊最大的專案，也在內部的幹部會議上討論許多次。我從頭到尾都很努力推動這項計畫，務求產品令人驚豔。但因為總是覺得不夠好，我不斷的修飾產品。

「其他人不認為那些瑕疵會毀掉產品，可是在我看來，他們都是平庸之輩。當你和不肯追求完美的人共事，就會覺得自己步步退讓。我的考績比以前好很多，心裡很高興，但是接下來卻沒有獲得升遷，這使我覺得自己不受公司重視，這代表我得離開了。而公司始終都沒有給我理由，聽說是因為我**欠缺領導風範，那是什麼意思呢**？也許他們覺得我做人不夠好吧。

「剛開始我想得到回饋，但是進行得不順利。後來我終於得到回饋，但我的戒心變得很強烈，後來就徹底放棄了。為什麼我沒有把事情做得更完美？現在想來，只要退一步，我就能回顧當時的情況，將回饋視為改進的方法。」

艾芙衝勁十足的參與這項專案計畫，她不喜歡「回饋三明治」（feedback sandwiches），也就是將負面批評夾雜在讚美的言詞之中，不過主管要她適應公司文化：

「每一次發放考績時，我的主管會先說些正面的話，可是我不在乎那些，我想要聽的是自己需要改進的部分。我會去找不喜歡我的人打聽，因為他們比較誠實。**我喜歡實話實說，可惜這不能讓你勝出**。

「我不曉得怎麼應付這個耍嘴皮子的遊戲，我的作風更像柯比．布萊恩（Kobe Bryant）[1]——上場、打球、得分，就這樣；我不是來交朋友的。我沒有花足夠時間與團隊相處，反而給團隊未經過濾、實話實說的感覺，而對於不熟的人來說，這樣的風格很難消化。

1 前NBA籃球選手，綽號小飛俠。

「我覺得非得待久一點不可，因為先前我沒有盡力。現在知道哪裡有問題後，就不能隨便離開。可是到後來，我彷彿在出賣自己，而公司逼我留下來，也顯得有欠厚道。他們想要我成為違背本性的人，而我需要他們扮演不想扮演的角色。」

艾芙的話在我腦子裡迴盪很久，所幸一切順利解決：艾芙之後在一家創辦已久的公司找到工作，對方的文化歡迎她這種單刀直入、富有創造力的製作人。

不懂做人，然後呢？

有時候你選擇不對考績採取因應行動，是因為考績好壞和文化不合的關係比較大。艾芙最後選擇不改變並離職，但她也因此錯失**質疑個人信念**、**利用考績尋求成長**的機會。

艾芙追求卓越的熱情，為團隊注入能量，可惜她對每個人的判斷都很嚴苛，而考績就是她的評斷標準。艾芙說：「如果我努力奔向星辰，最後至少會落在月球上。可是，每次我得到某項成就，標竿就會拉高，除非再次達到新的標竿，否則我不會滿足。」我很佩服她的精神，卻也擔心這種態度會讓她適得其反，包括良好的考績在內。

永無止境的追求完美，意味著你忘記欣賞別人和你自己。在「夠好」與「絕對完美」之間，存在著很大的空間。我們應該停駐在這兩點之間，且不要放棄追求卓越的努力。將焦點轉移到學習，把學習當作成功的途徑，這樣我們就能夠欣賞別人，自己也會得到更多成就。

03 開除上司之前，想想自己什麼功夫沒做足

我們的事業生涯並非由自己建立，而是由我們認識的那些人所建立。

茱莉亞的故事從巴西展開，然後進行到佛羅里達州南部。父親所帶來的動力以及他對旅行的熱愛，鼓舞了茱莉亞，而母親給予的親情與養育之恩，也一樣鼓勵著她。在父母的影響之下，茱莉亞發展出自己的優勢：

「我之所以能成為現在的我，是因為有人幫我走了這麼遠。我有無法滿足的好奇心，以及吸收所有東西的熱情。知識讓人上癮：學習越多，就越了解世界無比寬廣，外面有那麼多東西是我不懂的。我母親總說我求知欲很強。

「結婚後不到六個月就離婚這件事，是我人生的重大轉變，彷彿像重生一般。**失敗使人發現**

自己的強項何在，所以當時我為自己的韌性感到吃驚。只要用盡全力去做，掙脫困境，就會成長得更堅強。」

茱莉亞熱愛學習，但當她任職的金融機構重組時，她的韌性受到了考驗。茱莉亞一年內換了三個主管，年底拿到令人失望的考績：

「我在第三任主管的麾下，工作了兩個月左右。我沒有正式向他報告過事情，因為我們兩人的關係是開放的。但在他手寫的考績通知上，我的分數只是中等，這不符合我的預期。我的自尊心受創，就和他約了時間開會討論，可是沒有太多討論的餘地。最後我哭了起來，感覺非常不公平。

「那一刻我明白是我的錯。當時我給別人的印象，是沒有顧好自己的事。那位主管給我忠告，要我必須好好表現，下次再向他報告。然而，他也沒有因此幫我改分數。」

茱莉亞去見前兩位主管。其中一位認為她應該向人力資源部門反映此事，另一位則邀請茱莉亞加入他的團隊。兩種解決辦法看起來都不太對，這時候茱莉亞的好勝心使她掉頭回去工作，下定決心：

「如果我持續成長，未來一定會成功。可是我自認現在已經成功了，所以關鍵就在成長。另外，我也學到組織裡的政治關係很重要，**我有一些弱點，可是從來沒有替自己辯護過，沒有發言，也沒有推銷過自己**。如果你不替自己打算、臉皮不夠厚，那麼好事就不會降臨在你頭上。我必須堅強起來，為自己奮鬥、辯護。

「第二天我照常去上班，表現得極為專業，可是私底下已經決定要辭職。一年內換三個主管真是糟透了，我想等金融危機結束後再另謀出路。不過我在這一年所學到的東西，遠超過任何書本。後來，我拿到企業管理碩士（MBA）的學位，還找到了一份新工作。」

茱莉亞加入另一家全球性金融服務公司，最近獲得拔擢，晉升為資深營運副總裁。

連換三個上司，你更得「表現」自己？

茱莉亞不是天使，她對考績感到不公平，從最初震撼的打擊中緩一口氣後，她的第一個反應是煩惱。煩惱的理由有很多：團隊運作不良、頂頭上司像跑馬燈一樣換來換去、缺乏直屬主管、打考績的人和她不熟。幸好茱莉亞的好奇心旺盛，才讓她從怨天尤人轉變成學習。

具體來說，了解別人的觀點，能幫助她打開心胸。**當局勢艱困的時候，你需要有自己的人際網絡**，這時候關係特別要緊，所以平時就要不斷培養自己的人脈。茱莉亞說：「不要把建立人際網絡當成一時興起，也不要把自己當成機器。我們的事業生涯並非出自己建立，而是由我們認識的那些人所建立。」

茱莉亞還學到另一件事——好主管十分珍貴。公司重組會破壞既有關係，頂頭上司可能一夕消失。好主管到處都有，你也值得擁有一位，所以在決定換公司以前，先試著轉換角色吧。

04 嫌棄自己很容易，吞下自傲找幫助很難

時時質疑、挑剔自己很容易，
但是你應該鼓勵自己去追求發展。

艾莉雅是位國際化的女士，她是印度裔、同時擁有英國和美國公民身分。她對知識充滿好奇，理想色彩濃厚，一直擁有出色成就——這些都使她志氣勃發：

「我對經濟學感興趣，希望藉由它來幫助女性。我向從事投資銀行業的姑姑請教，她大笑說金融業甚少回饋社會。不過我這個人很叛逆，還是從醫學轉到金融。

我希望將經濟學作為追求社會正義的工具。大一那年暑假，我和兩個同學去阿根廷鄉下的一間微型貸款銀行，替當地的婦女服務。我們設計一份詳細的意見調查，藉以了解社會遇到什麼問題。那項調查設計得很周全，可惜實施起來卻是場不折不扣的災難！

「當地許多婦女是文盲，我們的西班牙語也講得不好。我們低估了貧窮的程度，既缺乏敏感度，也太過天真。最後我只能徒步去婦女家中訪談。我發現理論在現實中可能分崩離析，你頂多只能為理論賦予人性。」

艾莉雅因經驗而變得更睿智、更堅定，她進入一家投資公司擔任資料分析師，但是她嫌工作挑戰性太低而請調，不到一年就調到研究部門。經過兩個月陡峭且崎嶇的學習過程後，艾莉雅拿到考績，卻開始懷疑請調部門恐怕不是個好決定：

「以前我就想學習那些技能，但是我以為自己不夠資格，所以挺緊張的。我的主管很誠實，他說：『這裡真的有很多妳要學的東西，但是妳還沒有掌握最新資訊。妳看起來太緊張了，這樣對妳沒有好處。』我把整體考績看作個人的失敗，認為自己竟然沒有理所當然的，成為眾所矚目的焦點。我想我這下子哪裡也去不了，什麼進步都不會有了。

「隔天早上我哭著醒來，心想：我不應該在這裡，我沒有能力做這份工作！我是不折不扣的失敗者！由於調職是我自己的主意，感覺就更痛苦了，我心想：這意味著我很差勁。

「周圍的人彷彿都在說與我不同的語言，**和主管開完會後，我帶著筆記走出來，卻發現上面記的東西毫無意義。我甚至不曉得該問什麼問題**。先前我以為自己一向成就傲人，轉換跑道應該會比較輕鬆，如今我必須設法弄清楚如何變得更好，但卻根本不曉得『更好』是什麼模樣！

「公司裡和我最要好的朋友也在同一組，她已經在這裡工作一年了，主管交代她訓練我。我承認需要他人幫助是件難堪的事，她的表現那麼優秀，使得我對自己施加很多不必要的壓力。」

所幸艾莉雅轉而向其他三個人求援，第一位是她的母親，母親說這份考績是寶貴的意見；其次是她的朋友，天天聽她傾訴、支持她；第三位是她的主管，後來成為艾莉雅職涯的頂尖教練。艾莉雅順利完成的專案越多，就變得越有信心，最後果然獲得升遷，令她感到十分自豪。

懊惱。然後呢？

糟糕的考績能觸發極佳的學習企圖。當情況不順利時，你有機會喊停與深思。拿艾莉雅的例子來說，一開始她自視甚高，後來卻每況愈下，以致感到自己一無是處。她的自我評估很兩極化（我是最棒的、我是最爛的），這使得她忽略自己的強項，也忘記一些次要的細節，例如轉換職位之後的全新角色。

時時質疑、挑剔自己很容易，但是你應該用比較和緩的聲音，鼓勵自己利用這個機會尋求發展。幾位幫手並非自動自發指導艾莉雅，她必須**吞下自傲**、**開口求助**並接受幫助；畢竟這些教練必須騰出時間來幫忙她。一旦艾莉雅敞開心胸學習、接受回饋，便開始穩定的進步。她的改變不是一夕而成，因為以務實態度接受自己，需要一點時間。

艾莉雅希望有朝一日能替女性（包括她自己）權利做出貢獻，而要成為那樣的領袖，自我發展的能力不可或缺。

05 私交很好，表現很爛，這考績怎麼打

大部分人的績效欠佳時，會希望迅速得到回饋。等到年底才震驚的接獲差評就太殘酷了。

莎拉從逆境中脫穎而出，她勇敢克服險阻，為電子商務這份工作帶來非常人性的一面：

「我生在酗酒的家庭，高三那年我懷了女兒，轉到一所專為懷孕和已生育少女而辦的學校。因為懷孕，我只好放棄排球隊隊長的職務。十九歲時我搬出父母的家，白天工作養家，晚上去大學讀書，女兒和我靠食物配給券維生。多年來我已經慢慢走出來了。

「每個人都有自己的難處，我雖然過得很辛苦，卻深懷感恩：今天竟然還能來上班！這種心理也影響我管理部屬的方式，人類是雜亂無章的，所以事情一團糟只是生活的一部分，我也不會因此怪罪自己。我影響著五個員工的生活，還有他們的家庭，因此我需要了解怎麼幫助他們。」

莎拉接手一支團隊，她在為其中一名成員打考績時，能看出她的同情心與洞察力：

「**他給自己打四分，但我只給他兩分**。他看起來十分洩氣，令我不忍直視。我舉例子解釋，若要拿到三分或四分，他需要做到什麼程度。他向我道謝，並沒有反擊，也沒有替自己辯護。

「要他承認自己不能勝任這個職務，是件很難堪的事，不過他仍然想待在公司裡。他曉得自己在技術方面跟不上，而我則明確表達我的標準與期望。我花時間回頭談基本的東西，讓他了解為什麼主管對團隊採取這樣的管理方式，這些內容並不抽象。

「經過這番艱難的對話之後，我就比較容易開口幫他。我嘗試建立信任感，問他哪些工作讓他精力旺盛，哪些令他精疲力竭？他在目前的崗位上已經有十年的經驗，早就有自己的脈絡，對技術也足夠了解。他為人正直，對未來的態度很積極。」

莎拉協助這位團隊成員，找到比現在高一階的職位，也更適合他的強項。不過另一次經驗就棘手得多，以前她迫於時間壓力而倉促招募的一位員工，最後證明並不稱職：

「他來自非常井然有序的領域，那裡有充分的時間與空間供他解決問題。我當時沒有問對問題，否則早就應該發現他做事的方法很固執，還有對曖昧不明的情況依舊感覺良好。

「我遺漏那些嚴重警訊，當時應該多等一等的，因為好奇心和執念是教不來的。他完全沒有自覺這個角色不適合他，我曉得另有更適合他的職務，但是他認為可以繼續做下去。

「後來，他欠缺效率的情況沒有改善，使我變得沒有耐心。你瞧，這是個壓力很大的環境！想讓他改善績效實在困難無比，我知道他也很難受。我的另一面這樣想：我必須辦好正事，不能讓其他員工累死。不料這位員工卻指控我騷擾他，我只好和主管一起蒐集相關文件來反擊。」

莎拉將這些文件遞出去，解雇她最早雇用的那位員工。但當天該名員工自己就辭職了。

被打考績的人承認那是自己的弱項嗎？

給人差勁的回饋，和接到差勁的回饋一樣具挑戰性。要緊的是如何做好準備，尤其是員工到職第一天的準備。新員工來上班時，你除了**設立期望和明確指出你要求的標準**之外，還要告訴對方，為什麼達到這些標準很重要。你設立期望時應該務實一點，壓力太大會壓抑團隊的表現。

定期讓員工知道他們做得如何。大多數人在績效欠佳時，會希望迅速得到回饋，直到年底才震驚的接獲差評，這就太殘酷了。請理解考績欠佳會影響當事人的生計，所以你應該慎重，表達尊重。

誠如莎拉所學，你可以兼顧誠實與彈性，調整管理風格、協助對方成長，她說：「當我開啟一段對話時，已經想好自己打算留下什麼訊息。假如我真的想要對方表現優良，就會思考如何說服他改變。」專家稱此為有用意的艱難對話。

如果你是打考績的人，請記住這份考績的重點不是你，你只是製造結果的工具罷了；如果你是接受考評的人，也請記住當你獲得發展和進步時，打考績的人也值得讚美一番。

06 收到爛考績別開罵，得有君子報仇計畫

拿到令人失望的績效考核感覺很糟糕。假如你是**自雇業者，拿到爛考績的形式是顧客掉頭離去**；如果你替小公司工作，爛考績是同事唾棄你的點子；假如你的公司規模較大，那就是令人害怕的考評了。

好消息是，幾乎每個人一生中，至少都拿過一次令人失望的考績，你不是被特別挑出來的犧牲者。從好處來看，考績欠佳真是個大好契機，三年後你會感謝那個給你爛考績的人，現在我們慢慢再說明一遍。

很少有人喜歡被批評，有時候在公開場合接受回饋，那就更傷人了，不但引來不愉快的情緒，而且往往對薪資有不良影響，這點誰也不樂意。既然如此，光明面在哪裡？在於真相。

如果你從責怪、自保的情緒立場轉移到學習，就能夠從考績所提供的真相出發，最終獲得成長。威爾出師不利，但是學到寶貴的一課；艾芙透過好奇心和開放的心態找到真相，只不過她選擇不去適應自己不欣賞的文化；茱莉亞的考績看似不公平，可是她依然從中獲得利益；艾莉雅掙

脫往下沉的漩渦，找到她需要、也想要的發展；傑夫與莎拉雖然都是關心、尊重部屬的主管，但他們都必須學習如何遞交有用的考績，之後也要跟進指導。

如果你接受（或給予）考績，也能改善自己的經驗。

就事論事

考績可能讓人覺得不公平或太苛刻，這是它震懾人心的部分，可是如果你打開心胸，就可能發現它既沒有不公平，也不極端。你不必接受考績通知上記載的每個項目，具體來說，你應該利用與考評者的對話，盡可能從中蒐集對你有幫助的訊息[2]：

一、尋找善意的訊息。**不要評判自己，尋找考績裡的訊息**。相信我，你會在當中發現至少一絲有用的真相。你不是什麼可怕的人，也不是有史以來最糟的員工，你只是需要一些成長罷了。

二、以新鮮的角度面對考績。在你初次讀完或討論完考績之後，先去做別的事情。身體活動

2 我也很喜歡《再也沒有難談的事》（*Difficult Conversations*）這本書，作者為道格拉斯．史東（Douglas Stone）、布魯斯．巴頓（Bruce Patton）、席拉．西恩（Sheila Heen）。書中討論各種艱難的對話，其中有些比收發回饋更難啟齒。如果你在工作上（或在家裡），是逃避衝突的類型，不妨讀讀這本書。

能改變情緒狀態，動手做點什麼事情，會讓你的注意力從不公平、羞辱、譴責轉移到別的地方，直到**冷靜下來。等你準備好後再讀第二次**。如果依然難以釋懷，那就當成在閱讀別人的考績。

三、從責備轉移到好奇。當你想知道如何改善時，會比較容易吸收考績的內容。**「我能從這裡面學到什麼」，這個問題絕對優於「我哪裡做錯了」**。你應當假設，考績通知上寫的每一項都是事實，而打考績的人也是真的關心你。你的主管想要你發憤圖強，所以拿出好奇心，看看你還能多學點什麼。

四、就事論事。**考績也反映公司文化與你的表現有所抵觸**，也許感覺像生死決鬥，可是你並不會喪命，這只是一份工作而已，你可以決定如何看待它。也許你決定去適應它，萬一公司文化與你不合拍，那就另尋東家吧。

做你的計畫，與別人配合

不論你多麼客觀，仍然會受限於單一觀點。這不代表你只能去屋頂上吼叫、紓解鬱悶，你還是可以**找自己尊敬的人聊聊、請教他們的想法，而非爭取他們的同情**：

一、與主管進行第二次對談。即使你的考績很好，與主管的第一次討論也很順利，仍值得再進行第二次對談。兩次之間不要間隔太久，幾天就行了，如果超過這段時間，你會開始焦慮，主管則會開始推拖。第二次討論能使你提出後續問題，更深入學習。

- 情緒聯結。**顯現你在乎對方當下所說的話，不代表你必須同意他說的話**，只要保持暢通的溝通管道，就會得到他的更多見解。
- 保持冷靜或暫時離開。如果你反應過度，就沒辦法學習了，這時候應該休息一下，重新集中焦點。這個動作隱含的意思是，做一個邏輯清楚、理性、會思考的人。
- 即使感覺憤怒，還是要謝謝主管。你應該站在主管的立場，體會給予回饋是多麼困難的事。原諒他交給你考績通知時的笨拙模樣，接納他的善意。如果你加強兩人之間的聯結，就可以請主管指導你，這將有利於你未來當個更好的主管。

二、蒐集多種觀點。假如你有精神導師或贊助者，不妨和他們約個時間討論考績的事。不論你從他們口中聽見什麼，都要保持開放的態度。**請一位經驗豐富的人閱讀你的考績、給你忠告、**建議你下一步怎麼做，能使你獲益良多。即使導師的意見和你自己的想法大相逕庭，你也要記下來，可以的話最好蒐集三種不同的觀點。這項過程給予你理解考績的時間和距離，使你更進一步了解自己，重新找到立足點。

三、決定下一步。你的發展計畫完全要看你怎麼做。務必回覆主管與求助對象的信件，確認彼此了解所有細節，溝通好成功的計畫是什麼模樣，還有該如何評估你的進度。

啟動你的職涯計畫

你曉得該做什麼，你需要營造關係、用更有效率的方式工作、培養與展現新技能、爭取進步的回饋，以下是我的建議：

一、找一位同儕當教練。**找一位比你有經驗、願意與你共事的人幫忙**。對方為什麼會同意？他們看重的是私人恩情和專業上的報酬，所以你應該至少從兩方面表現互惠精神：

- 時時感謝你的教練。透過電子郵件和面對面的機會，大量稱讚你的教練；對方值得你的讚美，這也會使雙方產生良好的感受。
- 讓主管知道。務必讓你的主管和教練的頂頭上司知道，你的教練做得有多棒。肯定別人的功勞，會讓你看起來更體面（因為這證明你有信心）。

二、約定見證。**請求你的主管或團隊，如果觀察到你正逐漸改善考績欠佳之處，請他們趕快提醒你**，或是見證你企圖改善。凡人都有一個通病，就是將人分門別類、不肯改變這種先入為主的看法。為了打破那樣的模式，請對方留心你正在改變的證據，當他們的大腦這樣想時，也會改變對你的觀感。

三、記錄績效檔案。隨時做記錄很重要，因為這樣你才能在下次績效考核的時候想起來。如果你的組織已經刪除正式考績，那麼記錄你現在如何發展、達成哪些組織目標，就更重要了。

- 蒐集別人給你的讚美。有人寄給你感謝或讚美的字條、電子郵件，別忘了保留下來，這些會使你在不順遂的日子裡感到振奮。
- 凝聚關鍵人士的注意力。當你做了令人讚賞的事，別忘了寄一封電子郵件給主管（也別忘了保存下來），從公司利益的角度，描述這件了不起的事。
- 提前準備你的考績。務必彙整你在這一年的所作所為，將這些事實做成摘要，以幫助考評績效的人留意每一處里程碑，了解你所發揮的影響力，以及瀏覽所有的見證。

如果爛考績的人來找你談

如果你準備好給對方回饋，那就好好幫助對方提高績效；同情心是留給自己的家人、朋友，不是用來給予回饋的對象。**也許一起唉聲嘆氣感覺比較和諧，可是這樣做，就好像在對方跌進坑裡時，奮不顧身跳進去幫他，而不是丟一根繩子下去，讓他自己爬出來。**一旦你也進了坑，就沒有別人能救你們出來了。所以請你練習這些技巧：

- 先聆聽而不要評斷。對方可能看見同一個故事的不同層面。你應該察覺自己聽到了什麼、對方感受到什麼。避免使用評斷的字眼，例如「好」與「壞」。注意不要輕易提出忠告，這部分等到後面指導對方時再使用。
- 提真正的問題。設計一些問題，以便得出更有助於了解對方的訊息，包括**他在想什麼、他有什麼感覺、他想要什麼**；這類問題多半是開放式的。注意那些會激起對方採取防衛姿態的題目，另外要避免以「為什麼」開頭的問題。
- 創造空間。對話令人不舒服時，很容易**陷入彆扭的沉默。這時候最好給對方思考和感覺的機會**，練習有耐心一點，利用這段時間去感受同理心。
- 尊重每一個人。不管你手邊正在處理什麼樣的績效問題，坐在你對面的這個人都值得你尊重。你們有許多方面很類似，如果角色互換，你也會希望對方尊重你。

公司想要員工有所貢獻，如果你氣得要死，就趕快把焦點放在解決辦法上，最起碼你會曉得，別人看你的方式不見得和你看自己的方式相同，因此你有責任讓對方看見你的方式。

你想要在職場上盡情發揮，那麼下一步要做什麼？老話一句：這要看你怎麼抉擇了。

第五章

團隊不肯投入——上班痛苦根源之一

你正在領導的團隊，裡頭的成員年紀也許都夠當你父母了，而且由於對方遠在外地工作，你們可能從來沒有見過面。這些人從不向你報告事情，可是你負責的工作，卻需要彙總他們的投入。問題是他們有自己的目標，而且和你的不一致，這該怎麼辦才好？

麥可就經歷過類似的情況。麥可在一家工廠上班，升任財務部門主管時，他的年齡比他的幹部都輕，資歷也比幹部都淺。麥可的團隊最重要的任務是結帳，成員總是臨時抱佛腳，而且常常延誤。由於內部稽核拖延，讓麥克很擔心：

「我很早就努力做好一堆事，並沒有要求幹部幫忙，**我心想如果問他們很多問題，等於證明他們有人比我更有資格做這份工作**。結果這是我所做過最蠢的事！有人就要來稽核了，而我甚至不曉得手下是否了解稽核的內容。因此我必須和不同層級的所有幹部合作才行。

「在接下來的幹部會議上，我**印了一張核對清單，詢問誰要負責哪一個項目**。然後我約見每一個部屬，了解對方的核心工作和日常任務。接下來的那個月，我每天都盯緊每位成員。」

麥可和團隊通力合作，努力達成他們一起訂定的程序改善目標。以往小組要做到晚上九點半才能完工，現在下午四點半就能收工，而且沒有錯誤：

「沒有人檢查我的工作，因為我是這座工廠中財務會計部門的最高主管。當時我才二十七歲，手下的幹部平均年齡是五十五歲，年資二十年以上。這讓我深信他們會嫉妒我的職位，或是遲遲不肯聽從我的意思，但結果根本不是那樣。有個工廠年資比我大的傢伙，竟然跑來感謝我，完全出乎我預料。先前我接手這支團隊時，心裡還怕得要死。」

麥可的故事顯示，**籠絡成員一起投入**有多麼重要。運作良好的團隊，績效總是超越個人。這一章要談的人物，全都為了類似的挑戰而奮鬥：

- 他們不喜歡你怎麼辦？凱西工作一直相當順利，直到做新任務時遇到盲點，才有了變化。
- 如何執行不可能的任務？艾蜜莉領導一項全球性專案，可是她的方法不管用。
- 當你和他人缺乏共同立場時，要如何動員他們？工廠員工剛剛痛失加班津貼，凱莉卻必須增加工廠的產量。
- 如何在對立的聲音之間創造凝聚力？泰提安娜與特別任務小組共事了好幾個月，卻在最後一刻搞僵了。
- 為什麼大家不參與、不投入？葛瑞格的父親生重病，他只好辭去夢寐以求的工作，專心解決急需領導力的嚴重問題。

一旦挑起管理的責任，你就知道孤掌難鳴的道理。另外還有一點，就是人們需要感到受尊重、被珍視、被聽見。如果你領導散布全球的五十個或一百個人，職權又有限，那可是艱鉅的任務。下面這些故事將協助你駕馭社群的力量，當你接到任務，必須在時限內完成的話，那你就必須學會這項技能。

01 別只看工作成果，關係與社群一樣重要

有時候你必須慢慢來，
才能快點成長。

凱西成長的小鎮上只有一家公司，她的父母和鄰居工作勤奮，一直覺得很有保障，誰想得到那家公司竟然破產了。後來，凱西很自然的被一家老字號、適應力強的工業公司吸引，她想要靠自己的力量出人頭地。她競爭力強、工作努力，眼看就要成功了：

「我的主管素有難搞的名聲，他把我納入羽翼之下，雖然作風直接、很會衝，可是他也會在一天勞碌之後，喊一聲：『好女孩！』後來我問他，我二十五歲了，他給我什麼評價？他說：『妳很有韌性，不管我怎麼刁難妳，妳總是會恢復過來，又有學習能力。我曉得不論給妳什麼訓練，妳都會接受，而且會做得越來越好。』

「被稱讚表現良好，對我來說很重要，這無關酬勞，只是為了個人獲得肯定。如果沒有得到讚美，我會懷疑自己是否真正成功，我想這得追溯到成長的方式，我想要父母以我為榮；如果做了任何令他們失望的事，我就會難受得要命。」

二〇一〇年，凱西的主管幫她爭取到，參加超級巨星領導計畫的入門課程，結果凱西順利結業，還拿到最高獎勵。之後，凱西被調到一個穩定的部門，擔任銷售工作，那裡的同事都已經服務多年，這讓凱西有著不一樣的感受：

「我像離了水的魚，根本不適應！那裡的同事彷彿在說：『閉嘴，回妳的辦公桌去。妳害我們出醜。』我們的計畫贊助人打電話來說：『我得到一些回饋，情況看起來不怎麼妙。』

「接著我們進行良性溝通，她告訴我：『妳周遭的人被妳嚇到了，而且妳讓他們覺得自己沒有貢獻。他們不喜歡妳。妳可以繼續獨來獨往，或者妳能多一些EQ、做一些調整。』我很想哭，因為我希望同事喜歡我。

「我一直都有找不到歸屬感的問題，很難克服。我最害怕的情況，是走進一個全是陌生人的房間。因此聽完她的話，我感到無地自容，原來我的行為是在製造仇恨。這話很傷感情，所以聽到時很不好過。我心裡很在乎這件事，可是又不擅長與人交往，我總是把工作焦點放在需要做的事情，而不是怎樣做、為什麼要做這些事。

「離開兩個吃重的職務之後，心裡的急迫感使我增強企圖心。我想要放慢速度，和同事有更多面對面互動，而不單是電子郵件往返。於是我開始提出問題，也更花心思傾聽，嘗試幫助別人、更努力幫助他們順利結帳，而不是在他們無法交差時出言抨擊。我會和同事一起喝杯咖啡，而非迅速發一封語音郵件給對方，而這些修正方法，其實遠在我的舒適圈之外。

我向部屬承認錯誤，並努力改正。我試著開誠布公，其中有個人之前常取笑我，後來變成我的支持者，他很感激我主動承認自己錯了。」

放慢腳步的凱西以為自己完全沒有進展，其實是有的。她的績效又進步了。

你要的成功，跟部屬（或同事）一樣嗎？

凱西深陷於強烈的工作倫理，以及屈居劣勢的自我形象，本來工作一直很順利，可是當這一套不管用時，她感到很迷惘。在新的工作環境中，她只能靠建立關係達到成功。**部屬並非人人都認同凱西對成功或動機的定義**，為了適應新環境，她必須花時間傾聽。凱西曾經相信，完成最多工作的人就會勝出。她錯得可真離譜。**關係與社群的重要性並不亞於工作量**，直到她正視自己不善與人交往的恐懼，才開始嘗試這個令她不自在，卻又必要的關係建立。有時候你必須慢慢來，才能快點成長。

02 推動計畫時，耳朵可比嘴巴有效

擁有大膽的願景，

只是不可能的任務中最輕鬆的那一部分。

二〇〇八年艾蜜莉找到工作時，覺得自己很幸運。直到今天，她還是在同一家汽車公司上班，表現蒸蒸日上，因為克服障礙是她的強項：幾年前，她奉命帶領一項全球性專案，內容是符合新業界標準的突破性電子技術，這是艾蜜莉面對過的最大挑戰：

「我們公司的電池需要充電二十四小時，才比得上五分鐘就能加滿的油箱。我花了很長的時間，想把充電時間減少到兩、三個小時，儘管我多麼盼望短短二十分鐘就能充飽。我開始執行計畫，也得到車輛小組其他領域的支持，希望藉此促使我團隊中的負責人跟進。我的導師幫我爭取到盟友，可惜他接著就離開了。

「然而，**我的新主管比較懦弱**，因為這些決定不得人心，令他很不自在。過了幾乎兩年的時間，仍然沒有人真心相信我們，反觀競爭者都在推出他們的新技術。

「**公司開始有傳言**，指出車輛開發時程縮短了，我無法在新修訂的時間架構下，創造出可以立刻上生產線的補救方法。儘管我的新充電技術遭到取消，然而，其他團隊卻比以往更需要這項技術。」

艾蜜莉很早就爭取到三位關鍵支持者，然而她需要六位才夠，於是局勢僵持不下：

「我現任主管的頂頭上司已經放話：『絕對不行。』可是我不接受否定的答案。那天我和朋友去一個聖誕派對，我們公司四個品牌之一的工程部門主管剛好也在現場，別人介紹我們認識之後，對方突然冒出一句話，說我一定是公司最重要的人物。

「我下巴都掉了下來！那時我才明白，有人覺得那項計畫很重要，這個想法幫助我更堅信它確實非比尋常。可惜我在美國的小組，不覺得我正在努力的項目有什麼了不起。不過之後，每一個工程小組都開始擁護我，因為他們在測試的車輛，等不了二十四小時的充電時間。那是我們的轉捩點。」

艾蜜莉大受鼓勵，開始和全球各地供應商著手推動業界標準，又與行銷小組合作，以支援消費者接受新技術，同時也和亞洲的生產小組共事。她領導區域整合團隊和核心技術團隊，為了克服障礙，全年無休、忙碌不堪：

「我必須從勾畫願景的人，搖身一變成為溝通者。我更新了簡報內容、拿出來和大家分享，

連續三年每週對同事解釋、再解釋。

「這一切都必須挑對時機，在某人準備好聆聽的時候拿出來分享，沒辦法事先按部就班的計畫。我傾聽他們的每一項顧慮，表現我的同理心，而且用對方使用的語彙溝通。每個派別都有自己的利弊權衡，因此不能認為對方的意見是衝著我個人而來。每次我們推出利用新軟體製造出來的汽車，性能就比過去更好一些，我很愛那種感覺。」

更令人滿意的是，艾蜜莉替後續團隊鋪好了路，如此一來，他們就能依循更順暢的程序走。

簡報，然後呢？

擁有大膽的願景，只是不可能的任務中最輕鬆的那一部分，實現願景才能增加所有的價值，只不過這要辛苦很多。艾蜜莉為此需要動員許多同事的支持，這裡一點、那裡一點，到處都需要有人支持。

大部分的人認為，你必須很有說服力，才能達成良好的溝通效果。這種說法只對了一半，艾蜜莉透過數十次、甚至數百次簡報，說清楚她的訴求，但光是靠簡報，她也不可能成功。她還需要學習深度傾聽，**聽取別人的問題與顧慮**之後，才能明白該從哪些障礙下手，應該如何解決。這項做法使得公司裡有影響力的同事，紛紛加入她的陣營，然後逐漸也把別人拉攏過來。

這點就感覺上來說，頗違反常識，大多數人都是靠嘴巴推動計畫，誰料得到耳朵比嘴巴更有效呢？

03 不必交朋友，但要被喜歡

我們需要深度傾聽，才能明白團隊真正要的是什麼。團隊成員說什麼幾乎無關緊要，關鍵多半是他們的感覺如何。

凱莉擁有信任感這個優勢，而開放的態度則幫助她適應環境。舉個例子，她從小到大都對養兒育女不感興趣，直到遇見未來丈夫的大家庭。如今，凱莉是四個孩子的媽媽，就是這種開闊的胸襟有利於適應環境，才使得她在汽車工廠的工作十分成功。當時凱莉才二十五歲：

「那是完全未知的領域，幾乎確定是一場災難。我很緊張，因為工廠裡有六十個隸屬於全美汽車工人聯合會（UAW）的員工，團隊裡最資淺的那位，也已經在工廠待了三十年。二〇〇八年之後，我們從加班無上限，一下子掉到完全沒班可加。員工都靠加班費養家活口，不知道他們聽到消息後會怎樣，對我的績效又有什麼影響。

「此外，我們的目標也非常嚴苛，需要每小時生產八十輛車。一開始他們**故意拉長工作時間，以便拿到加班費**。我擔心員工會生氣、破壞設備，所以想找個辦法激勵他們。」

凱莉利用積極的情緒對抗消極情緒，找到彼此的共同立場，把團隊的心拉過來：

「我心想：『不會吧，他們不會沒有理由就怨恨我！這些人一定會喜歡我！』我把他們想成祖父母、爸媽、朋友和鄰居，這樣想他們就變得有人情味。我和他們聊我的小孩，給他們看孩子的照片。眼看著你認識的人苦苦掙扎，心裡真不好過。我讓他們知道，我在乎他們，也在乎他們的工作經驗，所以他們也會在乎我。

「我表現得很友善，久而久之，他們也變和氣了。即使他們對我苛薄、不尊重，我還是天天笑臉相迎。我有個生活不怎麼順遂的哥哥，這對於我和員工相處也有幫助。我找尋其他能激勵他們的辦法，這些人一起工作，彼此關係密切而且很愛聊天。我會在生產線上走來走去、聽他們說話，總會有人跟我講點什麼事，像是他家小孩在運動場上拿下多少分之類的。

「我發現他們**只想天天過得開心，不要每天做一成不變的工作**。於是我們找出恰當的工作輪調方式，還把他們納入焦點小組，討論如何改善工作站。我明白他們因為受到注意而獲得激勵。之前，因為沒有人喜歡自己的速度落後他人，所以他們都用相同的速度工作。因此我開始把他們的完工時間貼在牆上，而且早中晚三班都貼，然後他們就開始競爭了。

「有些人想贏，就工作得快一點，多半只是不想當最後一名，結果每個人的速度都加快了。短短幾天內，他們每個小時就多完成十輛汽車，看來他們喜歡競爭。

「有些工作站速度比較慢，比如車門的生產線。我努力好幾個月，依然不得要領。我的目標是降低公司理想生產量的落差，八十輛聽起來是不可能做到的。

「我告訴每個人，我們可以達到那個目標，但是心裡並不真的這麼相信，只是從來沒透露過真實想法。沒想到有天我的車門生產線竟然真的達標，而且維持一整天，真是太棒了。我們整個團隊一起吃蛋糕慶祝！我真的很驚訝。從此之後，大家都保持著衝勁，加班問題不再是關注的焦點，我們繼續朝新的目標前進。」

六年之後，凱莉換了另一家汽車公司，她一樣敞開心胸，準備好擁抱新的經驗。

不必交朋友，但要被喜歡

從劈啪作響的電話線那頭，我可以感受到凱莉的興奮。剛接下這份工作時，她和員工似乎毫無共通點，可是一旦她用不同角度看這群部屬，雙方的共通點就多了起來。

凱莉設身處地的站在對方的立場，才有這樣的成果。我們需要深度傾聽，才能明白團隊真正要的是什麼。**團隊成員說什麼幾乎無關緊要，關鍵多半是他們的感覺如何**。深度傾聽需要開放的態度、同理心，以及注意力。**同理心使凱莉成為傑出的主管**，也使她適應這份工作，不論對公司或員工都有利。

04 辯贏對方不表示他會聽你領導

爭取支持者不是為了贏得辯論，
重點是藉由注意對方來領導對方。

泰提安娜的父親是卡車司機，原籍為古巴與多明尼加，但泰提安娜從來沒有見過他。泰提安娜從小與母親、哥哥在佛羅里達州長大，她懷抱著遠大的抱負：

「讀小學三年級時，我有個很優秀但嚴格的老師。我覺得上學很無聊，她說：『無聊是一種心理狀態，**假如你覺得無聊，意思是妳這個人很無趣！**』我哭了起來，可是從此之後，我就讓自己保持忙碌，鞭策自己接觸新事物。我開始寫作，傳遞學習到的東西，以及對周遭世界的感受。

「我是家族裡第一個上大學的人，之後還拿到升研究所的獎學金，那肯定了我截至當時的成就，對我來說也是正確的道路。去研究所攻讀新聞學，是我這輩子做過最棒的事情之一，哪怕今天我並沒有從事新聞業。」

泰提安娜在她所服務的消費產品公司，接受領導力計畫時，新聞學的訓練幫助她拿到十分出色的成績：

「我小時候很內向，不喜歡別人注意我。經過努力後才慢慢有了信心，如今已經成為公司儲備領導團隊中的一員。我既興奮又恐懼，總是疑惑自己應該待在這裡嗎？照理說有很多優秀的人可以擁有這個機會，為什麼會落在我頭上？我大概永遠無法克服這種心理，只能慢慢讓自己變得輕鬆、自在一些。」

泰提安娜和同僚花了好幾個月，合作進行一項業務計畫，他們向高層主管呈交建議的**期限將屆，可是大家仍未準備周全**：

「就我的工作而言，這項計畫徹底超出原訂範圍。我們小組裡有七個成員，來自印度、澳洲、中國、柬埔寨等地，背景都不一樣。在這種組合下，你明白自己不可能在每一方面都做到傑出，因此，你必須想出自己可以在哪個部分做出貢獻。到了晚上十一點，我們仍在會議室裡構想各種點子。我想要了解為什麼會重複出現舊點子，還有大家為什麼不肯同意。」

之後，情況開始混亂起來，大家火氣上升、小組成員對結論失去信心。泰提安娜仔細傾聽每個組員的想法，然後看著他們再度發言辯護自己的想法。三十分鐘之後，泰提安娜出手干預了：

「大家對無法達成共識的部分，都覺得束手無策。我以前有過這種經驗，所以就帶領小組籌擬對策。當某人進退兩難或無法前進時，其實只想要別人聽聽他們的看法。如果你真的掌握他們的想法，將他們的意見和你自己的方法結合，就能使他們點頭贊成了。萬一你太過急切，恐怕會逼大家不得不攤牌。

「到時候大家會覺得沒有人聆聽自己的心聲。說出自己的意見真的很困難，因為你害怕別人把你當白痴，但你當然不是！其實如果著眼於大我，就會找到貢獻的方法，接著就能鼓起勇氣大聲說話。而且你不必扯著大嗓門，就能說出自己的論點。先等到其他人都抒發完畢之後，他們就會靜下來聽你說了。」

有了泰提安娜幫忙，這支特別小組及時合力完成任務，高層主管也對他們的建言很滿意。

辯贏又如何？沉默片刻也能贏

泰提安娜扮演人們經常忽略的角色，**並非為贏得辯論而爭取支持者，而是藉由注意對方來領導**；客觀傾聽對立者的聲音，並以同理心回應。在此同時，其他人都太忙著說話，沒時間傾聽。除了主動傾聽之外，沉默也是可以利用的工具。大部分人都怕尷尬，所以沒話也要找話講。然而，當你**保持沉默，等於讓其他人跳脫框架，不再死守自己大聲疾呼的立場**。

當天晚上泰提安娜注意到人人都異乎尋常的焦慮，唯一能夠凝聚向心力的方法，就是觀察與點出事實。這項策略風險相當高，需要有膽量才能執行，但成效通常都很好。

05 大家不肯投入，就先參與想像

指示人們該怎麼做，無法令他們投入。
再厲害的推銷技術，效果也很有限。

葛瑞格能言善道，因而找到夢想工作，當起運動雜誌的記者。可惜由於父親罹患嚴重心臟病，葛瑞格被迫辭職回家照顧父親。尋找新心臟捐助的時間越來越緊迫：

「我們父子一起住在醫院裡。父親非常虛弱，我努力做個好兒子。我向所有醫師請教器官捐贈制度如何運作，一開始得到的答案都解決不了問題。醫院院長的兒子以前接受過肝臟移植手術，於是我把這些答案全部拿去向他請教，因此與他結為朋友。

「因為生了一張娃娃臉，我的人緣一向不錯，只要和別人攀談，他們都會真心回答，所以我總是能得到真正的答案。但我發現整個醫療業只顧著保護現狀，永遠不會糾正自己的錯誤。

「我記得在醫院裡，徹夜閱讀麥爾坎・葛拉威爾（Malcolm Gladwell）的著作《引爆趨勢》（*The Tipping Point*），裡面有則故事講一名女子花了一年的時間，在教堂宣講乳癌的知識，可是遲遲未有進展。後來她轉移目標，開始訓練髮型設計師，沒想到掀起乳癌自我檢查的風潮。我把那則故事用電子郵件傳給每位執行長，但是沒有一個人回覆。

「在我爸爸的整個療程中，唯一完美的部分，是負責替他植入新心臟的外科醫生。在那之前，我們得不到任何健康照護，所以四處奔波尋找能提供協助的人。我遇見我後來的共同創辦人，並和他一起邀請起草一九六八年器官捐贈法規的那位人士，來擔任我們的顧問，沒想到對方的妻子正是那位宣講乳癌知識的故事主角！我見到她本人時，簡直說不出話來。」

葛瑞格的父親運氣很好，他本來已經要去醫院安排後事，沒想到一通電話打來，通知他有一位二十六歲的心臟捐贈者剛剛過世了。

葛瑞格受到這次的經驗感召，發起一個旨在改善捐贈制度的組織，名字就叫做「組織」（Organize）。那麼他要怎樣把正確的人選拉進來效力呢？

「如果你想要人們多花時間在你的議題上，就要讓他們一起參與、一起解決你的問題。我發現大多數人專注、努力於真正困難的**問題**，反而沒那麼在意具體**解決對策**。有人可能在三天後回來找你說：『你說對了，我沒辦法把這惱人的問題趕出腦袋，簡直快把我逼瘋了！我們需要想想辦法。』我想，所有重要的關係都是這樣開始的。」

鼓舞人們努力解決問題，藉此使其產生向心力，這促使葛瑞格吸引到艾爾・羅斯（Al

Roth）來擔任他的顧問。身為諾爾獎得主的羅斯已經投注數十年時間，研究非貨幣市場的市場設計，包括腎臟捐贈鏈，他比誰都適合凝聚大家的向心力。

「你去做××」不如「請幫我解決○○問題」

指示人們該怎麼做，無法令他們投入，再厲害的推銷技術效果也很有限，若是改而鼓舞他們**協助解決問題**，效果反而更好。

葛瑞格最喜歡《小王子》（*The Little Prince*）的作者安東尼・聖修伯里（Antoine de Saint-Exupery）的名言：「如果你想造船，不要喚人去蒐集木材，也不要指派任務和工作，只要教導他們渴盼廣闊無涯的汪洋。」（If you want to build a ship, don't drum up people to collect wood and don't assign them tasks and work, but rather teach them to long for the endless immensity of the sea.）

你被指派的工作越複雜、完工的時間越緊迫、協調任務越龐大，你就會覺得自己需要越多控制，特別是攸關人命的時候，你自然會鞭策得更緊。然而**你祭出越多控制，人們就越不想參與**。有多少人對著鏡子端詳自己，發現鏡子裡的自己是個控制狂？放手很困難，但讓大家齊心協力是很要緊的事，而且對你的健康也有好處。

葛瑞格最終發明一套方法，幫自己擺脫控制欲：他每星期要求團隊成員完成這個句子：「如果……的話，豈不是他×的太棒了！」這讓大家情緒高漲，也促使別人主動參與。

06 克服當主管的第一個挑戰：孤掌難鳴

誰不想幫助一項使命或事業發揮正面影響力？聽起來很棒，可是這意味著你必須依賴別人。辦公室小隔間裡的每位貢獻者，都需要依賴別人的合作才能夠成功。全球化企業的世界變得越來越大、越來越壞，也越來越複雜。各種計畫四處蔓延，每一項都與人事有關。可是，當組織裡有那麼多人不願投入時，你該怎麼辦？

這些故事中的每位主人翁，都必須找到解決對策。麥可跨越無形障礙，爭取到部屬的支持；凱西正面迎戰與人交往的恐懼；艾蜜莉從解說轉變為傾聽；凱莉設身處地去理解工人；泰提安娜利用近距離觀察；葛瑞格透露他的問題。

每個人都學到各位讀者也很清楚的強力教訓：孤掌難鳴。少了別人，你的影響會很有限。打動別人參與投入，需要建立信任或重建信任，大多數人認為這與當事人可不可靠有關，但這只是其中一部分，還必須做到言而有信，假如你承諾了但事後卻失信（比如錯過截止期限或執行力不彰），將會侵蝕他人對你的信任。儘管如此，如果你練習開放、接納、一致的心態，就會鼓勵他人對你產生更多信任。

釐清你要籠絡、要他參與的人

為了促進自己成功而與人交往，會令人不舒服。但為了完成使命而鼓起勇氣與人交談，就比較容易，所以你的第一步是辨認使命，並弄清楚誰能夠幫助你完成這項使命：

一、把會影響成敗的所有人員列入清單。找出誰是天使、誰是黑羊，也就是誰能促成你的計畫，誰又會破壞計畫。將公司裡裡外外都蒐羅一遍，不要放過任何角落。

二、釐清誰是關鍵人物。能助你完成使命的人不超過十個，他們是誰呢？如果你不曉得，就到處問問看，你很可能已經將最重要的人，視為理所當然的人選。探索組織網絡，那些最有影響力、最受尊重的人，往往擁有最多關係，但不見得是最資深的人。即便你尚未與對方建立關係，都要把他們列入你的清單。

三、擬定迴避問題人物的策略。最麻煩的是那些拖慢你速度的人，如果能解決他們的問題，他們很可能會改變立場支持你，或是放手讓你過關。但是你不一定辦得到，因為政治可能把水攪混。萬一是這種情況，就去找組織中其他可以幫助你的人。

從「管理」轉變為「籠絡參與」

當你管理時，做的是計畫、核對與衡量，然後告訴他人該做什麼。反之，**籠絡對方參與你的計畫時，靠的是提問題、傾聽、鼓勵、支持和啟發**。因此，心態應該從「我沒有時間和大家一一面談」，轉變成「促使大家投入參與是目前的第一要務」。為了促使人員投入，你要尋找最佳的聯結方式：

一、設身處地的體驗別人的問題。**花點時間了解其他參與者覺得重要的事**，當你認真對待他們的問題時，你所做的不該只是表面上多開一次會，而是展現你對他們的尊重與關心。

二、主動鼓舞對方信任你。**你必須率先行動，等到對方開始信任你**，就會積極參與。你可以四管齊下：

- **你得可靠**。合乎時機、品質控制、實現承諾會增加可靠感。信守你的承諾，切勿苟且，否則乾脆不要承諾！
- 開放。**與他人分享你的想法與感覺**，讓他們明白你的立場。如果你表現得不透明，他們會假設你掩蓋了一些東西，這樣倒不如明白告知，即使你無法揭露所有的細節，也比刻意隱藏來得好。人們通常都能看穿假面具，所以你還是彬彬有禮、直來直往比較好。

- 接納。**假如別人不贊同你，請假設他們這麼做有很好的理由**；若是對方和你不一樣，請尊重這個事實；如果你在會議上表示贊成，事後卻在走廊上出言批評，他們一定會發現。最好直接和對方討論。這樣一來，你很有機會處理他們的問題，藉此使他們投入。
- 一致。人們很快就會察覺可疑之處，如果事情發生變化，他們會想要直接從你這裡聽到消息。想像一下，如果有人跟你說一件事，做的卻是另一件事，就算出發點是為了討你歡心，你又作何感想？所以你的**言論、行動和信念都需要保持一致**。

促使別人投入

請牢記，建立參與感不僅是開會時買甜甜圈請大家吃，你的領導方式也很重要。籠絡別人參與時，要拿出追求的目標、積極的心態、信任感與精力：

一、組成團隊。團隊要靠個人與使命，以及人與人之間的彼此聯結。你**要對成員的動機抱持好奇心**（他們為什麼想要參與這項使命、為什麼相信這項使命），並了解他們擅長的強項。除非完成這一步驟，否則就應該先延後傳統的誓師會議，也就是專門為公布計畫、時間表、任務、衡量標準而召開的會議，之後再拿出各種試算表。更理想的方式是，找來參與者一起準備這些表格。花一點時間，此刻就打造一支高效能團隊，你一定不會後悔[1]。

二、對別人產生興趣。如果你非常擔心自己被指派的任務過於龐大，對於待辦事項清單走火入魔，其實是很正常的事。這時候你應該想一想，需要找誰一起來參與你的使命。

● 對別人的想法和感覺抱持好奇心。只要嘴巴在說話，你就不是在學習。你必須刻意保留時間，在一對一討論和小組討論時好好傾聽。務必回覆別人寄給你的信件、電話或備忘錄，這樣大家才知道你聽見他們的聲音了。另外，確實做好筆記，以中立的態度做摘要（當你一字不差的記下別人所講的話時，他們會感到很高興，覺得自己的貢獻彷彿已經得到認同）。

● 提出請求時必須明確。如果人們明白你真正想要什麼，就很可能樂意幫忙。既然你不想三顧茅廬，不如第一次就把話講清楚，記得使用積極的言詞答覆人們的疑惑。接著就抱持敬意傾聽別人的話：對方在思考、感覺，但是藏在心裡、沒有說出來的話是什麼？你可以組織一下揣度出來的想法，再向對方求證。

---

1 你不確定什麼樣的團隊真正具有高效能，或是不曉得該怎樣打造？我以前的兩位優秀顧問同事史考特．凱勒（Scott Keller）與瑪莉．梅尼（Mary Meaney）寫了一本書，總結相關訊息，能幫助打造高效能團隊與文化的成功機會。想想看，一支星光耀眼的團隊，所需要的不僅是高水準人才，其成功與否完全取決於團隊如何運作。這本書叫做《領導組織》（*Leading Organizations: Ten Timeless Truths*）。

- **不要刻意！迎合別人**，說對方想聽的話，以獲得他們的贊同或是達到其他目的，這樣的做法其實很正常。可是你要小心，別被自己的言行反咬一口，因為人們可能會把你的話傳出去，也可以把你寄的電子郵件轉發給別人，祕密是不存在的。
- **保持前進，但也要回頭籠絡尚未投入者**。尚未投入和還未決定支持你的人，可能晚一點才會加入，因此一旦獲得一些進展，最好回頭去籠絡他們，再度請求他們協助，畢竟沒有人想被拋在後面。

三、透過關懷、傾聽、幫助激勵參與。我們可以確定一件事：指示別人做事情，只宜偶一為之，不宜長時間如此。這樣說來，你要如何爭取忙碌的人來參與？畢竟他們也有重要的事情和目標要進行。

- 幫助別人。有人可能純粹出於慷慨，就助你一臂之力，但總有你可以回報的地方。這是雙方互惠，也是商業領域很關鍵的一環。你要打聽他們的優先考量與目標，之後再進行你的議題。**為了讓別人也有所回報，你應該先暫時停下來幫助對方**。
- 主動找人當面談談。人們可能老是說自己太忙，可是如果你不開口問，就聽不到他們真正的想法。具體來說，**你應該主動尋找那些在會議上或電話裡沉默不語的人**。

你應該聽聽所有聲音，尤其是那些太害羞或不喜歡在群體中發言的人的聲音。他們在那些場合中可能分心了，或是太無聊以致沒有發言。不過，他們也許有沒說出口的反對意見，值得你在這個階段聽一聽，以免等到最後一刻才知道，那就來不及了。

● 提出好問題。比如：「你覺得什麼樣才算偉大？」、「有什麼東西會妨礙我們達成使命？」好問題能開啟思路，一旦發現會議室裡大家精力旺盛，你就明白了。

● 集體小慶功。小幅度的進展也值得慶賀，這有助於強調成功是整個團隊的功勞。讓別人站在聚光燈下，將愛散播出去，就會感受到這份愛傳回到你身上。

四、身為領導人，不代表就要提供全部的點子，或是評判其他人的點子。有時候透過無聲的干預，反而能促進更多參與。

● 開會出席，不要太過強勢。你的出席凸顯會議的重要性，你要保持警覺和默默籠絡大家參與，可是不要操控他們。另外，你也要注意自己的發言用掉多少時間，這沒有一定的標準，可是如果你的發言太冗長，就要有自覺。

● 保持沉默。假如你想要更好、更新鮮的點子，必須忍受一點難耐的沉默，才可能手到擒來。你要忍住不出聲介入，最重要的是全程禁用手機！沉默過後，大家為了填補空白，往往會激盪出好點子。你應該花點時間感受小組的狀態，說出你的感覺，可以讓小組凝聚起來。

● 出手干預時，不要評斷。如果討論中出現反覆、吵鬧、脫軌的情況，這很正常。你也許感到挫折、焦慮、生氣或激動，這時候不妨暫停一下，做幾個深呼吸或一些身體活動（比如把椅子往後推），會有幫助。之後再觀察事情發展、表明自己的感覺、詢問大家是否準備好採取行動了。避免偏袒任何人，因為你的目標是鏟除路障，引領小組往更好的方向走。

當然，你不是初出茅廬的菜鳥，很清楚不管你做得多好，有些人就是死也不肯加入，他們的自我利益可能與你的使命不一致。在商業領域中，最好的點子不一定總是勝出。然而，做好這章所講的每件事，有助於提高你成功的機會。當人們終於投入，你就一定能獲得大成功。

第六章

與辦公室惡棍共事

——上班痛苦根源之二

大家都曉得，每個辦公室都充斥可怕的主管和同事：霸凌、乖戾、瘋癲、自閉、怪胎……無奇不有！你總有不得不對抗他們的時候。忍氣吞聲可以撐過幾天或幾個星期，倘若他人背信忘義、別人以欺凌你為樂，那就必須採取行動了，否則日子不會變好。

我們很難辨別誰是真正的混蛋、誰只是表面看起來像混蛋。馬修到一家全球性零售公司擔任新職時，就是面對這樣的挑戰，他對新工作感到非常興奮，可惜事情一開始就不太妙：

「我沒有信心，畢竟是公司的新人，其他人自認比我更有權利坐主管的位子。每次我向他們請教時都吃閉門羹；如果提出問題或想法，**總有被排擠的感覺**。我的主管只關心他自己。我曉得他們不了解我為什麼會在這個職位。但我不想失敗、也不想辭職，所以只好繼續努力。

「後來，我和一位主管變成死黨，他才承認先前曾經設法害我被調職或解雇。因為我成為另一個同事的督導，對方覺得我奪走屬於她朋友的工作。」

馬修並非偏執狂，這些人真的是在扯他後腿！所幸馬修沒有陷入焦慮不安，而是把焦點鎖定他能夠控制的事情上，藉此重建信心：

「我不太擔心別人怎麼說我，那並非我所能控制。我請主管給些回饋，即使回饋是負面的，我也不會當作是對我的人身攻擊。我設定小目標，並逐一完成，之後情況慢慢有了改善。久而久之，我督管的那位女士和我成為工作上的好友，隨著我越來越了解情況，我們打破僵局：過去她自己建立一堵高牆（亦即障礙），把每個人說的每件事都放在心上。我幫助她克服這些問題，使她達成自己的目標，那是非常棒的經驗。

「我們創造出全國數一數二的強大後勤團隊，如今我記得的不是數字，而是在我的協助之下，得以拓展業務的那些人。想到他們，會使我激動到起雞皮疙瘩，也使我繼續向前。」

馬修相信人性本善，認為外表非善類者不一定是壞人。在接下來的故事，**有些難搞的角色是因為自己碰到問題，才讓別人難過**，比如當天事事不順心、管理階層的政治紛擾、事情太繁雜、工作壓力太大等；另一些人則是如假包換、不可原諒的壞蛋。希望接下來討論的形形色色人物，有助於評估你自己的情況：

- 如何對付愛挑釁的混蛋？凱拉發現自己在應付惡名昭彰的語言暴力者時，完全措手不及。
- 什麼時候不如轉身走開？哈努學到有些怪物所經之地，必留毒害，人人遭殃。
- 如何迎擊卑劣行為？前任主管插手毀了約翰的升職機會後，他覺得自己被迫挺身迎擊。
- 如果害怕惡霸怎麼辦？儘管妲拉樣樣能力出眾，她發現快樂是抓不住的。
- 究竟為什麼要替壞脾氣的主管工作？根據兩位前任的報告，卡雷博奉令接掌某項職務時，就曉得這個主管非常難相處。

職場上固然充斥著各種壞人，不過也有很多慷慨的人。哪怕偶爾行為像惡魔，大多數人還是有救的；只有少數人自認為是混蛋，許多行為脫序者只是偶一為之，自己甚至不曉得——我知道我就是其中之一。你應該將每種方法都學起來，下次碰到職場惡棍時，就有了萬全的準備。

01 勢利眼又嘴賤，不能得罪。怎麼應付？

震驚過後，她的第一個念頭是保護自己，

那不是衝著她來的人身攻擊。

打從上大學以來，凱拉一直想在出版界找工作，後來她找到一份和出版相關的工作，可是她的經驗顯示，這份工作有一部分必須和討厭的人打交道：

「我找來一位小說家接受電視訪問。先到了準備室，陪同小說家前來的，是一個日本女子和她的助理，她們為了拍攝宣傳用的影片而來，小說家身邊還有一位亞裔女性友人。電視臺不准其他攝影小組在棚內拍攝，因此節目製作人要求她們離開，她們便順從離去。

「直到作家的髮型和化妝都做好之後，他看到那裡只有我在場，就板起臉說要見製作人。原來製作人以為作家的友人是工作人員，其實只要不拍攝，她們根本也不須離開。

「小說家知道後氣壞了，開始咆哮：『我要見電視臺的負責人！我的律師會來找你！我要見你的律師！』他控訴每個人都是種族主義者，以為所有亞洲人都長得一樣。他對製作人叫罵：『怎麼道歉都沒有用！』我以為製作人會忍不住哭出來，當時那位作家氣得渾身發抖，這真是一場災難。

「我一動都不敢動，害怕小說家會轉過來拿我當箭靶。之前他在電子郵件往返時，表現就**極度粗魯和高高在上**，可是我不曉得他脾氣這麼大。那天的情況挺嚇人的，我努力保持冷靜，維持與製作人的關係，我想要繼續進行這場訪問。後來小說家仍然接受訪問，彷彿先前的事情沒有發生過。這樣一來就更讓人膽寒，大家都覺得他魅力無邊，沒有人曉得私底下脾氣竟然如此暴烈。」

凱拉鎮靜面對，送走小說家之後，她立刻跑回辦公室見主管。她不知道能不能再撐兩天：

「沒有道理為失敗而痛哭或難過，我又沒有做錯任何事情。我只是不敢相信有人能表現出這種行為，而我必須待在現場忍受一切。真的非常不舒服。

「聽完報告後，我的主管直接指派我們的下一輪任務，大家都齊心幫忙分擔任務。然後，我寫電子郵件向那位節目製作人道歉，指出是誤會一場，不過小說家的行為依然無可接受。

「顯然我們無法解決問題，我必須咬牙忍下來，接著再多辦幾場活動，繼續和那位小說家打交道。後來我們想出辦法，讓該書編輯去做其他場訪問，雖然那本來不是她的工作。」

最後凱拉總算將小說家送到機場，大大鬆了一口氣。事後，這位小說家繼續寄電子郵件霸凌她，罵她是白痴、連日期都會弄錯。凱拉花了好幾年的時間，才對當年的這些事情釋懷：

「你永遠猜不到事情的發展，也不會喜歡與自己共事的每一個人。回想起來心裡總有一股怒氣，也覺得挫折。我知道自己的工作表現良好，也很少犯錯，這次只是個小插曲，我心想：『我的生活中可不需要這個。』我從來沒見過這種**翻臉像翻書的人**，完全意料之外，令人吃驚。」

凱拉當時真希望自己能夠更鎮定一點，不過她知道那位小說家的行為，只是反映他個人的性格罷了。

三種自保方式

語言暴力絕對不容接受，但是凱拉當時處理得很專業。震驚過後，她的第一個念頭是**保護自己**，那不是衝著她來的人身攻擊（勢利眼的人慣有的行徑）。凱拉做得很對，也將情境定位的很好，並沒有替那位小說家的行為背黑鍋（讓製作人知道是小說家的行徑）。這兩項直覺使她很快就恢復正常，等到立即危險過去之後，她馬上採取行動。第一站是**去找主管**，這項決定也很正確，她的主管肯定那場衝突與她無關，兩人又一起決定接下來怎麼做。

任何事情都有得有失，凱拉可以留下來，收割這次機會帶來的成果，也可以躲起來避免進一步衝突。結果她選擇留下來面對那位小說家，由於另一位同事加入、扮演緩衝的角色，她的這個決定就沒有那麼糟了。這是凱拉的第三個好決定：**假使她決定甩掉負擔，任務結束就不可能獲得好評**。凱拉的勇氣值得喝采！到處都有愛鬧脾氣的混蛋，你必須準備好與他們周旋。

02 拒絕沉默，對決攤牌之後再離開

有時候形勢太過惡劣，
唯一能做的是認賠離場。

哈努是獨生子，在芬蘭一個非常小的鎮上長大，很早就對物理學與數學充滿熱情。由於生活很寂寞，他離家上大學，之後進入職場，同事也和他一樣，都是數學、科學方面的專才：

「我在芬蘭學習弦理論（string theory）[1]，山姆也是。我們對這個理論很著迷，很樂於研究，可是全世界大概只有十個人在乎它。我們在會議上提出新創事業的點子，與會的公司也藉著這個機會聘用學術圈的數學家。之後我們參加一場商業競賽，裁判後來變成我們的顧問。之後，

1 理論物理學的一支，結合量子力學和廣義相對論為萬有理論。

我和山姆又請她擔任我們新創顧問公司的執行長。」

夢想成真了嗎？可差遠了。幾年之後情況大變，執行長把她的丈夫帶進公司：

「剛開始我們挺信任他，接下來的一年多時間，一切進行得很順利。他只是公司顧問，不介入我們的工作。可是到了某個時間點，他開始固定參加客戶會議。他的**攻擊性很強**，害我們損失了一些顧客，然後他動手編輯我們寫的每份報告。山姆和我努力想要了解他，可是非常困難。他對人工智慧很有研究，卻沒有實質的見解，我們指出這一點時，他突然就爆發了，開始對我們咆哮和咒罵。

「之後，他不肯道歉，還怪罪我們。執行長指責我們的行為很糟糕，還說要安排一次會議，好讓我們向他道歉。至此事態每況愈下，我們發的任何電子郵件，都必須先經過他，再轉到他妻子手裡，最後再回到我們這裡。

「他變得越來越偏執，還相信中國間諜在辦公室安裝隱藏麥克風。這對夫妻把我們的薪水壓得很低，另外用股利來補償我們。因為我們事先簽定嚴苛的股東協定，一旦在五年內離職，就會喪失所有的股權。此外，我們還簽了競業限制合同。」

哈努不願面對這件事背後的諸多原因，可是他已經無法忽視自己健康惡化的問題：

「這是我們的公司、我們共同的夢想，是我們從零打造起來的。我們雇用真正優秀的人才，並開發他們；我們擁有很好的顧客，還在進行一項令人興奮的太空計畫。

「我認為透過溝通，執行長夫婦也許會改變，可能還會離開公司。其實，我擔心執行長丈夫的經營經驗更為豐富，反觀我很可能不了解事情如何運作。在討論過程中，他說他可以嘗試不要那麼反覆無常，還說我們大家可以努力溝通，可惜沒有一件事真的有所改變，我們很難吸引客戶、調動人員和出差。山姆和我**開始出現恐慌症狀**，每星期日晚上和每次檢查電子郵件時，我的恐慌症就會發作：呼吸短促、胸腔窘迫、噁心想吐、冷汗直冒。」

九個月後，山姆與哈努面對現實，他們去找律師，準備攤牌。

「執行長要求我們寫一封信，羅列她丈夫的貢獻。**我們沒有如她所願，反而和律師準備一封信**。雙方終於見面時，他們爆發了，用不堪的字眼辱罵我們。那次會面中，我們徹底保持冷靜，對於自己挺身對抗惡霸，感到很滿足。」

六年過去，哈努和山姆離開他們創辦的公司。哈努轉而和別人合夥、建立一家很有前途的醫療儀器新創公司，山姆則成為成功的軟體承包商。

離開，你會成為他的對手；留下，你會淪為他的附屬

哈努沒有理解到，當執行長的丈夫變身成怪物，這個情況其實很嚴重，過去他從未經歷過虐待，就像溫水煮青蛙的實驗那樣，只會默默接受越來越高的溫度。還有另一種解釋方式，就是積極心理學之父馬丁．賽里格曼（Martin Seligman）的「習得性無助」（learned helplessness）理論：**消極心態使得哈努忍受痛苦，卻剝奪了他的自由意志。**

準備保護自己非常重要，可是該怎麼做才好？哈努建議：「試著想像那個人如果有個邪惡的雙胞胎兄弟，看起來會是什麼樣子？你會如何反應？」有時候形勢太過惡劣，唯一能做的是認賠離場。所幸工作並非哈努生活的全部，他的人際關係幫助他能轉身走開，還好他走得及時，真是千鈞一髮。

03 同事搞小圈圈、背後捅你。怎麼迎擊？

約翰的同仁事後是否感到羞愧，或是有沒有改變風格，其實都無所謂。約翰早已證明自己比對方更強大，有能力原諒別人。

約翰的母親獨自撫養他長大。當母親決定讓兒子在家自學時，約翰的人生永遠改變了：

「那時候我在公立小學讀五年級，渴望獲得朋友的認同，我媽卻把我從那個環境揪出來。她是天生的老師，一直都在教我數學，不過也讓我探索自己的興趣。所以我求她幫我買個鍵盤（樂器），聖誕節時我果真得到了，之後就開始製作音樂。音樂能紓解壓力、幫助我與人聯結，塑造我在社群裡的身分，對我的工作助益匪淺。」

儘管約翰家境清寒，但他擁有母親、外婆與舅舅的關愛。大學一年級結束時，他贏得攻讀商學的獎學金，於是，一個嶄新的世界在他眼前展開：

「不出所料，我媽喜極而泣。我們家向來是勞工階級，可是她想要我過更好的生活。於是，她催促我去申請獎學金，我覺得讀商學很了不起，因為我們黑人社區需要更多企業家，而我剛好很會唸書，當然不會放過這個機會！我加入美國非洲裔的兄弟會，滿腔雄心壯志，此舉使我與許多黑人連成一氣，他們向我展示專業人士的形貌，我這才了解自己可以擁有多少野心。」

儘管如此，約翰開始在一家大型零售公司上班之後，卻因為以前同事的阻撓，令他產生越來越嚴重的自我懷疑：

「上班的頭幾個月，我嘗試尋找自己在工作上的定位。我的頭銜是庫存計畫員，而我們小組有位經驗豐富的零售專員，她讓我想起電影《辣妹過招》（*Mean Girls*）裡的角色——**搞小圈圈、追求時尚、人緣很好**。兩個月後，我得到回饋意見，指出有待改善的地方。我悉心接受，改進原來的缺點，之後又被調去其他小組。

「過了幾年，我開始和別人討論換到不同品項的產品線，藉以拓展自己的經驗。他們安排一場會議，還有一位新主管會來帶我，我感到非常興奮！

「那天剛好是十三號星期五，早上我收到一封電子郵件，那封信原本不該讓我看見，因為裡頭牽涉到好幾位主管，包括我的舊主管、新主管和那位惡毒女郎。以前她就曾當眾說過我的壞話，如果她看過我的績效數字，就該曉得我的表現良好，可是她不肯改變早先的印象。這種人**不和你互動，卻對你成見很深**，真讓人搞不懂。」

約翰以諒解的態度取代憤怒，並抑制自己的反應：

「看見那封電子郵件時，我感到震驚、受傷，接著是憤怒。回饋應該是一件禮物，可是這個絕對算不上。人們表面對著你笑，**背後卻講你壞話，捅你一刀**。

「我問我的主管這是怎麼回事，她眼眶泛淚、顯得很尷尬。可是我表現得很從容，因此這件事讓幾位主管知道我能夠應付敵意，也加強了他們對我的信心。我去見新主管，他仍然願意讓我橫向升遷，也就是在不同品項的產品線擔任相同職務。

「對於那些用狹隘角度看我的人，現在我會小心、謹慎的應付。雖然我的主管為我辯護，但我明白必須將心力集中在更明智的地方。整體來說，黑人和西班牙裔在堅守崗位和投入工作方面，挑戰確實比較高。

「我們工作的機構主要還是由白人主導，種族主義或偏見的例子隨處可見，正因為如此，公司會失去優秀人才。我有些朋友是從第一流的常春藤盟校畢業，也有些朋友有過前科紀錄。因為這些關係，使我變得超級敏銳；很多朋友都在努力對抗他們周遭的世界。」

接下來，約翰被拔擢為負責公司多元化與包容的主管，他的新職責是開發全公司的領導力與投入參與。情況開始朝好的方向發展了。

讓上司懂你

碰到別人的偏見和無法忍受的行為，報以發洩、憤怒的激烈反應實屬情有可原。不過約翰的反應卻很有同情心，他說：「那位零售專員應該接受更好的訓練，學會在棘手的對話中如何傾聽和參與。中層主管的領導方式可能有很大的差距，我們要糾正的是那些『凍土型』（frozen tundra）主管，他們真的不明白該怎樣指導和他們不一樣的員工。」

這位同仁事後是否感到羞愧，或是有沒有改變她的風格，其實都無所謂了。約翰已經證明自己比對方更強大，有能力原諒別人。他在這個場合所表現的領導力，不但鼓舞了他人，還能加強公司的包容性，協助其他不敢發聲的同仁。這比他原先預期的好多了。

04 怕做錯決定——你內心最該驅逐的惡棍

害怕做錯決定？活在當下更要緊。這意味著拋下過往的決定，而為了此刻的淋漓盡致，也得讓未來的決策先擱置在一邊。

妲拉是人生勝利組，她讀中學時人緣很好，還當了班長，畢業後考進一流大學。進了大學後成績依然優秀，有一些理想的科技公司願意招攬她，另有兩所商學院也接受她的申請，一切再完美不過了。然而，妲拉大學畢業後加入的那家公司，卻在一年之後重組，但也無妨，她拿到優厚的遣散費，開始評估未來的選項：

「詭異的是，我並不覺得惶恐。一開始甚至為了被資遣而興奮，因為這是嘗試其他東西的絕佳機會，不過我也擔心自己未能善加利用這次機會，而有些緊張。**萬一我的選擇，不是最理想的項目該怎麼辦**？本來那份工作，我在許多方面想要做出成績，覺得自己本應獲得更多成果，如果再多給我一個月的時間，豈不是能達成更多目標！我開始想：之前在那裡工作時，我心裡曾懷抱任何志願嗎？

「我對於下一步感到緊張。有家新創公司很快就找上我，可是我不確定是否真的想接受，對方提的薪水比我原來的少很多，但那不是重點，我只是覺得不夠滿意，也怕做錯決定。我應該去一個有金字招牌的公司嗎？直到今天我依然感到不安，懷疑自己是否做了正確的決定。還有哪些其他的事是我該做的呢？

「說實話，我認為根本不可能確定，這些決定是否有利於我的事業。即使當年念大學時，我也是滿腹疑惑，當初是不是應該去念另一所大學？我的應付辦法是重新審視那項決定，它帶來的好處是否真的是好處。」

那家新創公司的職位符合妲拉的標準，她又思考了一會兒，決定加入該公司：

「我喜歡熟悉每個人的感覺。而且我的辦公桌就在執行長的旁邊，上班第二週我就主持全公司的會議！我領導、推動、分析基礎架構改革，覺得像是跨出了一大步。我有一點緊張，因為感覺自己還沒有準備好擔起這份責任。或許我當初應該去一家有人能訓練我、教導我的公司。這究竟是不是正確的選擇，只能交給時間決定了。」

一年之後，妲拉辭職了，她在那家公司並不快樂，如今已到了活在當下的時候。於是妲拉憑藉三寸不爛之舌，爭取到六個星期的行銷分析實習，替她多年來奉為偶像的全球知名搖滾明星工作。此後妲拉進了一家大型科技公司，外派到祖父母生活的國家——這兩樣都是她畢生的願望。

我們再次對話時，妲拉覺得比以前滿足，只是仍然會**對某些決定三心二意**。

人生所有的決定其實都是錯的

害怕做出錯誤決定，這種心態可能是永遠不會放過你的惡棍。有個強大的武器，倒是能夠對抗它：更重視活在當下。這意味著拋下過往的決定，而為了此刻，也將未來的決策擱置在一邊。如果你一定要回頭，那就讚美自己居然已經走了那麼遠；如果你必須展望未來，那就容許對各種可能性感到興奮，並且騰出一小段時間，專門用來擔心未來。

所有的決定在放大檢驗時，看起來都是錯的。如果你也是這樣，代表**你的內在批評家**主宰了你這個人。儘管這個批評家**是你自己創造出來的**，它仍然**有扯你後腿的力量，讓你不敢嘗試新事物、享受新經驗。此外，它還會讓你陷入悲慘的自我懷疑**。你應該抗拒、擁有多一點夢想。

順道一提，假如你的工作突然消失，也許你會覺得是一場危機，但當務之急是冷靜下來。失去工作固然可怕，但假如你損失得起，此事何嘗不是契機，你可以放手去做自己一直想做的事——哪怕只有幾個星期也好，可以去當搖滾巨星的實習生。

05 難搞的人，你得看出他憑哪一點自負

即便是難搞的人物，也有值得欣賞的強項，
你要認真、嚴謹的把它們找出來。

卡雷博誕生在衣索比亞，襁褓時就來到美國。卡雷博的父親任職於聯合國，在他十四歲時再度舉家遷徙，這次搬到義大利，卻令他非常不開心：

「那一年的聖誕節，爸媽送我回家去看朋友，等到再回到他們身邊時，我居然變得成熟了，明白父母這樣做是為了子女好，並告訴自己不要再鬧了。接下來，是我生命中最美好的四年，我學會從別人的角度看事情，那成為重要的人格特質，也就是設身處地的替別人著想。

「大二那年，我父親罹患癌症。他病得很重，我沒心思上課，後來因為不及格遭到退學。我搬回家幫助母親，每次想到自己成績不好，而父親又在這個時候過世，就感到備受打擊；我始終

沒有擺脫那個負擔。」

卡雷博完成大學學業，又在一家公司上了幾年班，然後進了電影學校。沒想到他在電影這行所學到的，竟然在幾年之後派上用場。卡雷博之後進入一家金融機構，碰到一位很難搞的主管，還好先前的經驗讓他有所準備：

「我們在電影學校都是小組作業，輪流擔任每一個角色，每次別人的計畫進行到第二天，當事人都會邀請我擔任助理導演。我心想：別人以為我擁有某些技能，搞不好我真的有！我是小組裡唯一能和所有組員共事愉快的人，有時候擔任導演的學生，不知道自己在做什麼，我還能**指引他，而且不讓他感覺被牽著鼻子走**；我學會一種與人交流的方法，能夠減少摩擦。

「如今我就用上那種方法。我看過早期別人對我主管的回饋：我的前兩任同事都說她是非常難搞的主管。我不確定別人做了些什麼，不過我來這裡上班，心裡沒有定見，我敞開心胸、明白自己是個新人；我需要了解這裡的習慣，並不想去塑造它。所以我學得很快，不需要前輩經常在旁邊教導。

「我的主管非常重視底線和細節，所以我把焦點放在這些事情上面。我提正確的問題，不做無關緊要、不切實際的事。工作上她必須信任我，我也有能力提早完工，萬一出了什麼事，她會先假設我是無辜的，並給出緩衝空間，而我也擁有一些信譽當本錢。

「主管的許多工作性格其實都和我類似，我曉得何時該開口提問、何時插嘴、何時向她報告進度、何時保持工作獨立性。我還知道如何適時開個恰到好處的玩笑，以減緩緊張。我會修改問題的用詞，以配合她的解決方針。主管覺得與我共事很自在，我覺得我們相處得十分愉快。」

別人覺得難搞的頂頭上司，到了卡雷博眼裡，卻是位有才華的主管，她所提出的需求都是合理的。卡雷博的父親要是還在世，一定會以他為榮。

哪個主管沒有一點怪個性？

並非每個主管都是壞人，不過有一些人確實很難共事。話又說回來，就算是難搞的主管，也打不倒卡雷博，他擁有專家所謂的情緒智商（emotional intelligence）。卡雷博在新職位上安頓下來，沒有打擾任何人，他的互動關係很優雅，人人樂意幫助他學習與適應。

卡雷博不寄電子郵件，反而會選擇打電話或是親自拜訪。除了從「我表現得如何」這個問題的答案得到回饋，還能在**與主管面對面談話時，從對方的肢體語言和面部表情中，找到寶貴的線索**，當共事的對象性格有點古怪時，面對面溝通甚至更重要。

卡雷博的前兩任同事對這位主管敬而遠之，但卡雷博卻如此推崇她，他怎麼做到的？答案是他**把焦點放在欣賞主管的強項上**，他佩服對方比別人廣博的知識，恰好符合他想進一步了解新公司的渴望。卡雷博和主管都是行動派，這個共同點使他們對彼此感到更親近。

即便是難搞的人物，也有值得欣賞的強項，你要認真、嚴謹的把它們找出來。

06 利用混蛋的智慧

人人都有能力當職場混蛋，誰沒有得意忘形的時候？有些主管很愛刁難人、攻擊性強、心直口快、覺得任務優先，即使不符合你的風格，也是可以接受的。

鮑勃・薩頓（Bob Sutton）將「公認的混蛋」（certifiable asshole），定義為各方面都很粗鄙的人，以及有虐待傾向、令別人坐立難安的人，使接觸他們的人感到被貶低和筋疲力盡[2]。

某些情況會加深一些人的討厭程度：身體不適、睡眠不足、吃垃圾食物、長時間工作、休息不夠、持續性工作壓力。他們透過壞脾氣、刻薄、急躁，將這些不快發洩在同事、部屬身上。

馬修挺身對抗那種行為時，克制自己不評斷他人；約翰報之以寬恕。不過有些壞蛋帶來的挑戰更艱鉅：妲拉必須化解出於恐懼而自我霸凌的模式；卡雷博選擇適應，並聚焦於那位難搞主管

2 假如你的主管屬於性格極端的人，真的應該讀一下薩頓教授寫的《拒絕混蛋守則》（*The No Asshole Rule*）。如果你想要確保自己不會成為職場混蛋，請到這個網站做自我評估：http://electricpulp.com/guykawasaki/arse/。

的強項；凱拉與哈努面對極端惡霸。這種人在職場上也許很罕見，卻是公認的混蛋，所經之地人人遭殃。

儘管這些棘手的情況很討厭，可是一旦坦然面對，生活將得以改善。不管你碰到哪一種狀況，都能採用多種辦法，改善你的職場經驗。

評估你的真正對手

你覺得今天過得很不順利，食不下嚥，生活頓失色彩。假如你任由這種情緒蔓延，晦暗的狀態將無處不在，所以你應該暫停下來，評估自己面對的究竟是什麼：

一、評估你的狀況。請拿出紙筆來，分析你的專業與私人領域。在紙張的中央記下工作上發生的每件事，四周留下空白，將你生活中發生的每件事寫在外圍空間。這項練習的目的是，衡量你在所有事情包圍之下的痛苦程度。

- 工作領域。你每天都會見到這些混蛋，還是偶爾才會見到？**畫一個圈代表你自己，接著替每個混蛋也各畫一個圈，然後用重疊區域代表你們共事的工作時數**。替在工作上有互動的每個人也畫個圈，並寫下影響你工作的一切外力，比如業績下滑，或是小組承受壓力。假如有正面的影響力，也寫下它們，以便獲得完整的圖像。

● 生活領域。現在，把對你而言很重要的其他事情全加進去：家人、朋友、社群、宗教、活動、興趣。寫下所有影響你生活的外力，比如一段很棒的關係、年幼的孩子，或是生病的父母。

● 確認你的意圖。**提醒自己，一開始為什麼來這裡工作。思考更遠大的目標**，例如你希望開發哪些技能與經驗，以及其他任何事情。把這些寫在紙張的上方。

● 衡量相關的痛苦。現在你可以評估工作，以及生活中那些混蛋、惡霸和壞人了。用一分到十分描述與他們的關係有多麼痛苦，一分代表偶爾有一點苦惱，五分代表經常為此頭痛，十分則是難以忍受的劇痛。**痛苦大於五分，就屬於嚴重警訊**。

二、評估其他人。現在**用相同方法評估這些混蛋**：一樣分析其工作領域、生活領域、願望、意圖、痛苦。做完這些之後，起碼你能判斷他們只是小奸小惡，或是窮凶惡極。

找出你的恐懼，然後面對

你在工作上感受的不自在與艱難，搞不好根本和他人無關。如果你與某人的關係，觸發令你感到威脅的恐懼，那你就必須內省：

一、找出你的棘手處境，屬於何種模式。審視這段關係，**思考以前是不是也有類似的狀況**，使你落在下風。那些處境發生於何種典型事件？你在那些時候的行為如何？內在有什麼被觸動了？你需要回溯那些觸發你的事物，包括令你煩惱的人格類型（及其原因）。

二、挖掘你的恐懼來源。你有哪些感覺與想法從未說出口？有哪些深信不疑的信念與心態？**對你而言真正危險的是什麼**？不斷深挖，直到發現自己的恐懼模式為止。假如你不覺得害怕，那就找尋令你憤怒的事物，這表示你有**某項重要的需求正受到威脅**。典型的恐懼和需求未能滿足，往往是關於認同或地位、確定性或控制、自主或獨立、相關性與公平性[3]。找到這樣東西時，你一定會曉得，因為你的身體和情緒都會感受到恐懼。

三、轉變你的心態。光是指出你的恐懼，就能夠減緩壓力。此外還能進一步，釐清那些你堅守但又促成恐懼的心態。這種心態與對方無關，而是看你選擇要保留，還是更換它。挑戰自己，採納不同的心態，比如將「我快亮出底牌了」更換為「對方缺乏安全感才會這樣做」。雖然恐懼不會完全消失，但至少不會再讓你束手無策。

四、想像你的新行為。心態改變了，自然會出現不一樣的行為。預想一個場景：當你有了不再恐懼的心態之後，想像自己將產生什麼樣的行為，比如「我覺得比較能同情主管」，那樣的心態可能使你表現出更寬厚的行為。

五、反敗為勝。你也可以利用同樣的方法，深入了解別人的心路歷程。先從對方的行為開始觀察，只須注意，不要評斷。思考這個人在想什麼、有什麼感覺，但平常從來沒有說出口。**想像對方較為深刻的想法、心態與未滿足的需求**。心存恐懼的人會藉故發洩，假如你覺得太遲了，已經無法再寄予同情，至少可以了解對方不理性的行為。

善加利用混蛋上司

你也許選擇和難搞的主管或同仁共事，因為他們可以教你很多東西。如果對方並非如假包換的混蛋，你應該調整自己的行為，設法激出他們最好的一面。反之，如果對方的行為實在難以接受，那麼你就要好好保護自己：

一、**替那個混蛋打分數**。注意接下來的混蛋警訊：對方走火入魔似的講究細節，目的是控制部屬；脾氣爆發或無法預料的情緒變化；自我膨脹；無法傾聽別人說話；企圖操縱（包括說謊）；為了強加控制，而裝出膚淺的魅力與趣味；無緣無故言行冷酷與粗魯。可以和其他同事印證一下，看他們是否也有同感。假如這些警訊當中，有好幾項持續出現，你碰到的就真的是公認

3 摘自大衛．羅克（David Rock）的文章“Understanding David Rock's SCARF Model”。

的混蛋，應該趕緊採取行動。

●製作檔案。**將所有互動記錄下來，匯集成完整的檔案，並找好目擊證人**。

●決定你準備做什麼。當你為自己挺身而出時，也需要別人的支持。有時候惡霸在管理高層或人力資源部門都有朋友，你要小心辨公室政治。

二、實踐你新的心態與行為。少了恐懼，你更能創意思考，影響別人的反應。

●壓制那些會激起你反應的訊號。別一開始就假設每個人都要陷害你，或是假設你自己做錯了什麼事。開始時要保持中立，甚至假設別人是善意的。別誤會，這並非正向思考，你要找的是真正積極的東西，而不是粉飾太平。

●主動傾聽。傾聽內容而非語氣，不過你也要仔細分辨，人們沒有說出口的想法，以及隱晦、沒有具體表現出來的感覺。**如果你在思考接下來要說什麼，那就不是在傾聽了**。同樣的，如果你在和別人開會，請不要查看電子郵件，務必保持心無旁鶩。

●跟惡棍主管確認你接下來該做什麼。簡短整理對話內容，並總結你該採取的計畫步驟。這可能感覺有點奇怪，可是總比開完會依然沒有頭緒來得好。當你要求對方重複敘述相同的指示，脾氣再好的人也會怒火中燒，因此你得覆誦他的指示。

三、管理你能控制的部分。混蛋的行為不是你的責任，千萬別相信問題因你而起，也別認為你活該倒楣，否則就應驗虐待的定義了。不過，你能夠把這項經驗管理得更好：

- 專注於你的成長。正面反擊對方給你的回饋，尋找能供你所用的資料。做有意義的事，沒有什麼能阻止你聽從好的忠告。
- 劃定你的界線。這需要一點勇氣，不過你必須喚醒內在的保護機制。當事情不順利時，你應該溝通而非責怪。針對你想要的東西，提出明確且公平的請求。
- 另找他人共事。主動結識和那個混蛋同級的主管。有些主管固然讓人洩氣，另一些卻能幫你打氣。如果你覺得在公司中，不受珍視、不受尊重，那就另覓其他去處吧。

保護自己，不受到真正的傷害

一、立刻尋求協助。如果對方在會議中討價還價，**指著你的鼻子破口大罵**，一副失心瘋的樣子，你該怎麼辦？假如他只是**用冷酷的方式公開批評你**，那又如何？這兩種情況，對方的表現都不理性。趕快求助！

- 向主管和導師求援。當然，前提是這位主管不是霸凌你的人，而是能伸出援手的人。如果你的主管喜歡息事寧人，要你繼續忍耐，那就去找別人。這正是職場導師派上用場的時候，你比誰都清楚，現下的處境不應該由你自己解決。
- 找（更大或有用的）靠山。如果所有方法都不管用，你感到無比痛苦，這時候你應該去找主管的頂頭上司或人力資源部門。甚至可以找其他領域的資深同仁，他們也許熬過與你類似的經驗，或是親眼目擊過。到了這個節骨眼，你已經不必介意暴露身分了。

二、建立保護自己的壁壘。你必須**確保自己絕不單獨與惡霸共處一室**。

- 請求支援。**找權力更高的人來緩衝**，把這件事塑造成全公司的問題（本來就是）。尋找某個能將公司利益置於私人交情之上的援手。
- 勇敢發聲。即使你選擇離職，如果能勇敢說出實情，就有機會為其他同事改善職場生活。
- 做好離職準備。有時情勢實在沒有轉圜的餘地，萬一走到那步，不妨開始找新工作吧。

職場不如我們所希望的那樣文明，如果你本身就是職場混蛋，前文提到的行為，可能非你所願。但請想一想你的行為，自知有助你自然調整。許多情況下，職場惡棍在辦公室裡橫行霸道，卻不太會受到懲罰。有些怪胎大多時候溫文儒雅，偶爾才會變身成邪惡暴戾的壞蛋。所幸有越來越多人開始站出來，努力想要剷除職場中的惡棍。如果你恰好是其中之一，那簡直是超級英雄。

第七章

找到你的職涯贊助人

贊助（sponsorship）這個詞目前熱門得不得了，難道職場導師與贊助人意思不同？其實兩者還是有差別的：這兩種人你都想要，不過對你職業生涯舉足輕重的，是贊助人。

所謂的職場導師是睿智、經驗豐富的善人，願意教導或指引你職場上的一切，但是私底下不見得認識你。職場導師往往是被指派或推薦，儘管立意良好，但總共只會見你一、兩次面。最重要的是，職場導師的正式工作範疇，並非替你尋找成長機會。他們只要依據自己的經驗，提供你見解與忠告，責任就算達成了。職場導師也會提供別人同樣的見解與忠告，而且永遠不必為你承擔風險。

贊助人是那些為了增加你成功機會，而願意承擔風險的人，因為對方真心想要你成功，所以你們站在同一陣線上。贊助人比你自己更相信你，不過他也會分享點子、幫忙指導、鋪路、牽線、支持和替你搖旗吶喊。更重要的是，你的贊助人和你屬於同個團隊，提供成長機會，幫助你發展、進步。

即使贊助人與你在同一階層，他也是人脈廣闊並受到尊重，不過他多半會高一個層級，比現在的你擁有更多聲望與資源。凱悌希望有人能指導她，度過學士後醫學院的住院醫生階段，可惜她的第一位導師太忙碌：

「我想在心臟科找一位職場導師，最後真的找到了，可惜結果並不理想，她是世界知名的醫師，還兼任另外幾位住院醫師的導師。雖然我和導師的研究領域有著共同利益，可是她實在太忙，後來我們碰面的時間變得很少。我需要有人把我罩在羽翼下，教我如何把事情做好，但是未能如願。我與這位導師合作時生產力很高，共同出版一本書裡內含的一章、幾篇論文，還有原創研究手稿，可惜最後並沒有得到我需要和想要的指導。我覺得失落，也有一點憤怒，我想自己選錯人了。」

凱悌不確定下一步該朝哪個方向走，在此同時，她的醫院聘請第一位專職教育的心臟科正教授。那位醫生能夠實現凱悌的職業夢想，於是她決定碰碰運氣，向對方開口：

「她以電子郵件回覆我說：『我很樂意見妳，請告訴我妳的打算！』我帶著一堆問題去找她，全部都是關於她的事業。然後，我告訴她一些教育專題的構想，她也有一些想法。我們持續碰面，她鼓勵我申請獎學金，還幫忙修改申請書。

「我們的關係變得突飛猛進，不是很正式的那種，她邀請我在醫學院做些事，替我打通門路，比如邀請我去她的班級上課，或是在全國大會中報告，她說：『我們一定要幫妳找到很好的工作。我們來演練一下妳的報告，讓妳看起來更稱頭。』

「我三十五歲那年，她送我兩瓶香檳，還帶禮物給我的孩子。我們在行醫方面也互助合作，當醫學院頒發最高榮譽獎給她時，她需要有人代班，我二話不說就去幫忙。這些年來，她對我的幫助實在太大，因為她，我才了解自己是什麼樣的老師和醫生。哪天她退休了，我相信她也會先幫我鋪好路。」

凱悌提到的第一位人士是職場導師，但其實她要的是贊助人，第二次她終於如願以償。誠如凱悌所學，贊助關係是有機演化而成。你應該學習以下這些故事的角色，趁早開始建立聯結：

- 贊助人能造就什麼？約書亞碰到贊助人，使他原本低微的成功機率一夕暴增。
- 如何結交潛在贊助人？明白贊助人的作用之後，法蘭切絲卡奮力成為優秀的學徒。
- 你需要何種贊助？傑森的教練嚴苛無比，但也教會他百折不撓，尤其是面對險阻時，更要堅持下去。
- 如何平衡贊助與獨立？執行長協助崔西勇敢躍進，但到頭來，他們的關係卻是把雙刃劍。
- 與贊助人發生衝突會怎樣？伊娃卡在需求相反的兩位贊助人中間，左右為難。
- 贊助者的回報是什麼？瑞克從經驗中學到，當你選對贊助人，得到的報酬遠勝於付出。

這些故事證明天下沒有白吃的午餐：陌生人可以當主管，主管可以當導師，導師可以當贊助人，但他們也可以都不當。贊助人不是組織中固定的職務，他們首先要照顧的是自己的事業，因此你必須建立兩種以上的關係。

一開始必然從兩人共事開始，贊助你的人一定有他的道理，必要條件是你的工作表現必須相當卓越，但只有這樣還不夠，**贊助人必須從這段關係中獲利，同時也想要助你一臂之力**。這樣的好事也許會自動發生，也許不會，所以就要靠你去提高發生的機率了。

01 賞識你的人一定會督促你。你接受嗎？

贊助人鼓吹你發願追求偉大的成就，幫助你追逐更狂野的夢想。他們對你的期望比你自己還高。

約書亞來自內城區，生為黑人的現實、貧窮的經濟狀況、低落的教育水準塑造出他這個人。約書亞誕生於印第安納州（Indiana），是家裡三兄妹的老大，同父異母的弟弟只小他三個星期，彼此關係很親密。他們的父親是名廚師，在約書亞的生活中來來去去，若非有幾個職場導師相助，天曉得他的人生會淪落到哪個角落？

「長輩在我心裡點燃一把火，他們不懂得委婉，嚴格遵守自己的價值觀。我母親的斥責，幫助我了解選擇的意義：『只因為別人都做這件事，不代表你也應該這樣做。』我舅舅則說：『如果你已經完成這項任務，那就去找另一項。』他們對我的弟弟妹妹都沒有這麼嚴格，長大後妹妹沒有離開內城，弟弟也沒有，因為他剛滿二十一歲不久，就被人殺死了。

「不過我生命中的每一個階段，都碰到一位導師，教我要有責任心、敢做敢當、保持好奇心、鍥而不捨。舉例來說，小學五年級時，我有一位非裔美國籍的電腦老師，他會給我們看從國外旅行帶回來的工藝品，奠定我對文化與多元性的概念，提高對歧異性質的欣賞程度。」

到了七年級，約書亞決定以後要當個工程師，他之後爭取到獎學金，還去提供獎學金的公司實習，更得到一位貨真價實的贊助人：

「那家公司供應我大學食宿和職場導師，由於我堅持主修電子工程，所以成為該計畫敲定的最後一個學生。我很幸運認識人力資源部門的負責人琳達，她和我一樣生在破碎家庭，她看見我內在的一把火。接下來六年，琳達與她丈夫把我當成家人，因為她，這段實習改變了我的人生。

「進行大四的畢業專題時，我的發明成功了，大家都說：『兄弟，這真的很酷！這一定能賺錢。』我花了好幾個月完成工程設計，快要累死了，可是琳達說我必須申請專利，而公司的法務小組會幫助我。當時我還不明白這件事情的重要性。」

約書亞的企圖心和毅力支持他走下去，但是有了琳達的贊助，他的前途頓時大放光明：

「永遠不要拒絕你尚未擁有的機會。假如有人說：『我們要你領導這支團隊，想必你能夠在過程中好好學習。』你可以回答：『我沒有那樣的技能。我還沒準備好。』你也可以說：『好。』以期發揮更大的影響力。如果你害怕，不願意照做，那是自私的想法。

「**我並不是因為自己很棒**才選擇接受，而是希望年輕人讀到這本書後，明白他**不必生而出類**

拔萃，只要聆聽前輩的智慧箴言，就可能成就大事。如果上帝保佑，我要在四十五歲以前成為企業執行長，目標是存到一千九百萬美元。我計畫退休時自己留下幾百萬美元，剩下的全部捐贈出去，然後幫助很多人，學習我自己早年無緣學到的東西。」

約書亞開始為加入一家大型公用事業公司的工程部門鋪路——感謝琳達，她替約書亞開啟一扇通往更多機會的大門。

自己得振作才會有人看到

約書亞的信仰教導他，上帝永遠在他身邊；母親則教他為自己的生活做選擇；他的職場導師教導他熱愛學習。不過贊助人教他的是追逐更遠大的目標——而且幫助他達成目標。

假如約書亞當初沒有堅持主修電子工程，後來會怎樣？如果他沒有遇上琳達呢？假如他沒有遵從琳達的忠告，或是遵從了卻沒有成功，又會怎麼樣？機緣巧合在約書亞的生命中，扮演重要的角色，不過他每次都很幸運，重要的是你如何應對機緣。

贊助人鼓吹你發願追求偉大的成就，幫助你追逐更狂野的夢想，對你的期望比你自己還高。最要緊的是，贊助人為你創造達成目標的契機，也和你一樣盼望著你的成功。讚美琳達！她是將贊助之舉推上新巔峰的幕後英雄。

02

怎麼做，能誘使贊助人主動現身？

時間是贊助人最大的限制。潛在贊助人若主動與你聊幾句，和你共乘電梯，或是邀你觀察一席會議，記得要欣然接受。

法蘭切絲卡的父母，當年在紐約一家時尚服裝店相識，因此她一直覺得，自己和時裝店有很深的聯結。法蘭切絲卡透過家人介紹，進入一家服裝公司實習，但她還沒決定是否從事這一行：「我擔心人們會用我的背景來評斷我，但我希望他們根據我的實質表現給一些指教，所以夜裡常常做一些沒有人要求我做的事，並時時思考還能夠多做點什麼。

「那時候我們正在研究一項消費市場區隔的策略，我添加一個目標客層，也提交一份額外的報告，皆獲得採納，然後我主動寄一封電子郵件，敘述我最初的想法，也建議接下來可以採取的行動。那項專案幫助我證明自己的能力。

「我覺得在別人問起之前，就必須先一步提供答案，這和我父母的養育方式有關，我會預料他們下一個問題要問什麼。在我的考績報告書上，店長談到我有判斷形勢的能力，她說我十分積極，也很欣賞我總是率先行動。我認識非常多實力強大且卓然有成的女性，她們都給我忠告：必須營造自己的關係。」

大學畢業之後，法蘭切絲卡又回到同一家公司上班，她比別人獲得更多指導，因為過去已經在這裡建立了關係，也做出一番成績。儘管如此，沒有什麼是永遠不變的，法蘭切絲卡思考後，發現自己站在十字路口，心生徬徨：

「我的主管已經給我穩定的地位，她幫助我發展銷售技能，也幫我說好話，讓我參加恰當的會議。不過，當她表示即將離職時，我覺得自己被遺棄了。

「她離職的時候，剛好碰上我頭一次接手某項任務，我害怕陷入喪失秩序的混亂之中，雖然盡了全力，仍然覺得沒有做好準備。我的座右銘是『把答案推敲出來就對了』，可是你不曉得有哪些是自己不知道的。沒有人教導，我就無從發展，憑自己的力量是不會成功的。

「公司不打算找人取代我主管，到頭來我明白，有些變數是自己無法控制的。如果公司不肯幫助我發展、達成想要的目標，那我只好離開。」

法蘭切絲卡的第一段導師關係來自她的實習經驗，由於她和那位店長依然保持聯繫，於是她聯絡上對方：

「她總是說：『如果妳想離職，一定要告訴我。』我以為她的意思是：『妳還沒有準備好。』沒想到當我告訴她自己打算離開時，她竟然說：『我這裡有個職缺。』事情發展得那麼快，本來我打算在那家公司待滿兩年，可是她提供的機會勝過一切。」

法蘭切絲卡離開原來的公司，加入先前那位導師任職的公司。如今對方成為她的贊助人，而她也在新公司擔任新的職務。後來她的贊助人辭職，去了一家新創事業，法蘭切絲卡不久之後，也跟隨她的腳步離開了。

那個人找你聊天，要你旁聽會議，務必欣然接受

法蘭切絲卡明白，想要成功就需要有贊助人，於是她認真學著做一個優秀的學徒。潛在贊助人擁有你需要的技能和知識，所以你要懷抱真正的仰慕之情，開口請求向對方學習。大部分的人會對這樣的請求感到很有面子，也願意協助你成長，可是時間是他們最大的限制，潛在贊助人若是主動與你聊幾句，和你共乘電梯，或是邀你觀察一席會議，記得要欣然接受。揣摩他們的需求，盡量表現得超乎他們的期待，這就是法蘭切絲卡在開發關係時，學到十分有用的一課。

最後，別忘了下一步，也就是與贊助人建立工作之外的聯繫。換了新工作，你的人脈反而得以拓寬。服裝業到處都見得到從業人員頻頻換公司，正因為如此，結交贊助人不再是可有可無的事，以法蘭切絲卡的例子來看，有個得力的贊助人，才使得她變成技藝高超的學徒。

03 能幫你的人，一定很需要人幫忙

拉比協助你應付政治關係，他們教導你、訓練你，提供諮詢，而且愛護你。為了你好，他們也會運用影響力，以及保護你。

傑森性格強韌，注定日後成就非凡。我們都曉得有人不費吹灰之力就能出人頭地，但傑森並非如此。對某些人來說，想要進步就需要努力，另外還需要大量的支持，這說的就是傑森。

傑森的父親是他的第一個拉比（rabbi）[1]，也是嚴苛無比的教練。當傑森發現絕佳機會時，絕對不會錯過：

「我爸超級有愛心，而且是非常了不起的教練。我明白，只要照著他教我的去做，就會成

1　猶太教的教士、學者，或對教師的尊稱。

功。父親說：『天底下沒有做不到的事——你做得到。我們一起動手做。』高中時，我很努力籌錢上大學。試過踢足球，但是受傷了；試過美式足球，可惜沒有天分；不過我跑得很快，沒人趕得上我。我爸說：『盡你所能去跑，越快越好！你不會心臟病發作，別擔心，還沒發作你就先暈倒了！』他一直幫我，直到我的狀態變得挺不錯為止。後來我得到全額獎學金，進入自己選擇的大學。

「父親晚上在銀行裡清掃馬桶，白天就將我介紹給銀行家。高一那年，我開始在銀行實習。大學畢業之後，我進入銀行工作，是擔任那份工作的第一個非裔美國人。上班的第一天，有人遞給我該送到收發室的信件，我當時甚至不知道那些是什麼，可是父親教導我要堅強，甚至到了今天，他還是會問我：『你今天做了什麼事？』我回答他，他說：『這樣子不夠！』爸爸教導我，我可以創造自己的命運，雖然別人已經給了我其他人所沒有的機會，但我仍然必須去爭取、盡量增加潛力。」

每個人遲早必須面對艱難的處境，也特別顯現出拉比的重要：

「銀行要求我調到一處績效不佳的據點，要我改善該單位，並與一位共同負責人合作幾年，直到我準備好獨自負責營運為止。那位主管的行事風格與我南轅北轍，在那之前，我從來沒有害怕過上班，可是這次我真的很苦惱，早上起床變得很困難。我們時時爭吵，他覺得受到威脅，而我覺得很悶。

「但我沒有被打倒，我的目標是盡可能幫助共同負責人成功，也學習可以幫助他成功的小祕訣。我籌擬一份改善利潤的營運計畫，而效果逐漸顯露，並引起相關人士的注意。六個月後，分行執行長打電話來說：『傑森，看來你已經把事情辦妥了。』說到底，人是最重要的，**你最起碼要把工作做好，但是也需要讓別人見到你做好了**。我工作非常勤奮，才使得資深主管支持我。」

分行執行長先前一直在觀察傑森，而總行的執行長也注意到他了。後來傑森升任執行董事，最後成為一個大型分行的共同負責人。

贊助人沒空聽你講夢想，眼下的工作先做好

傑森明白，完成工作是他的責任。他說：「你的主管也許很可怕，不過你需要想辦法，沒有人會平白無故給你任何東西。」然而他們可以幫忙。拉比會協助你應付政治關係，他們教導你、訓練你，提供諮詢，而且愛護你。為了你好，他們也會運用影響力，以及保護你。傑森知道這一點，所以他在打拚過程中，都會尋找拉比幫忙。

當你結交潛在的拉比時，應該把工作做好，同時謹言慎行，不要抱怨。傑森建議：「分享自己盲目的企圖心，不會得到對方認同，反之，強調你想要如何成長，才是能讓對方接受的好事。」你要學習傑森，得到幫助、給人幫助；**人人都需要幫助，才能夠成功。即使你的拉比也不例外**。

04 當贊助人的左右手？或者獨立？

想脫離贊助人獨立，是情緒上很難做到的事，感覺上彷彿又一次成年離家。

崔西的家庭很複雜，雙親在她還未出生就離婚了，所以她除了生父、生母、姊姊之外，還有繼母、繼父、一個繼妹和兩個繼兄弟。說起來，「女性」的特質特別鼓舞崔西構築遠大的夢想：「我一向認為母親工作辛勞，可是直到上大學，我才知道家裡沒錢。我從來沒見過她苦苦掙扎或犧牲，她總是有辦法讓子女衣食無缺，哪怕因此必須打兩份工。我想要母親覺得自己的辛苦有代價，那樣的想法驅使我前進。

「大學畢業之後，我到一家汽車公司上班，公司裡有很多力量強大的女性領導人，使得我也渴望成為其中之一。我特別崇拜一位資深副總裁，她在公司裡有最高決策權，工作進度她說了算；只要她開口講話，人人都得安靜聽。我就是想要當那樣的人。」

儘管崔西在銀行業展開事業生涯，也爬升到副總裁，可是她覺得自己受到感召，要在健康照護這一行重新開始：

「因為祖父的關係，我對健康照護體系有一些體驗，那令我大開眼界，可以說簡直被嚇壞了。我相信一定有更好的方式，於是轉而攻讀健康照護的碩士學位。我申請進入健康照護體系的獎學金，但是整整等了兩年，都沒有得到面談機會。銀行業有很多人告訴我，我不可能拿到獎學金，因為我沒有從事臨床醫學。這個說法反而激勵了我，因為我最恨別人說我不能做什麼事情。

「後來，我在醫院實習時的主管，變成那個醫療照護體系的執行長，她替我爭取到進去工作的機會。這顯示上帝對我有更大的安排，從那天開始，我就成為那位主管的左右手，她也是非裔美國籍女性，年紀將近五十歲，事業很成功。

「打從一開始，她就讓我跟隨她一起成長，我們的關係遠勝他人，也因此有些人不喜歡我。後來，我開始擔任全職工作，卻很難讓高層把我當成獨立個體，而不是執行長的密友。結果我費了很大的勁，才讓他們把我當成領導人來敬重，看重我個人的實力。

「董事會成員認為她袒護我，我不以為然，可是如果別人不能將我視為獨立個體，那麼我恐怕得去別的地方，才能找到最好的機會。話雖如此，我依然任由這個錯誤繼續下去。關係對我來說太重要了，我害怕失敗，那會令我重新回到辛苦的歲月。」

事實上，管理階層確實看見崔西的領導能力，也很重視她。後來崔西被擢升為心血管部門主任，肯定了她的影響力。

離開贊助人，但成為他的資源

贊助人幫你創造你自己無法到手的機會，但是他們也可能會局限你。贊助人的關注使你與眾不同，他們的權力可能使你自滿，而你為了幫助他們，也必須耗費大量心力。崔西走在無形的政治鋼索上，一面希望別人相信她夠獨立自主、一面又不至於危及一段強勢關係。企圖改變別人的認知非常困難，一旦他們將你定型，就不太會改變了。崔西為了改變別人對他的看法，必須證明自己擁有領導能力，並且設法將人們的注意力轉到新的證據上。

另外，想脫離贊助人獨立，也是情緒上很難做到的事，感覺上彷彿又一次成年離家。做好心理準備，你們可能免不了揮淚話別。務必讚美贊助人對你的幫助，除了說再會，也別忘了對贊助人報以仁善與關懷。

保持聯繫、心懷感恩，畢竟你是站在贊助人的肩膀上，才能有今天的局面。不要忘記，有機會時，你自己也應該成為贊助人。欣賞你的一切成就，向從小到大的辛苦歲月道別吧。

05 贊助人要被資遣了，我該透露嗎？

伊娃相信人與人之間彼此有關聯，而且必須對彼此負責，因此她做了自己唯一能做的：對這整件事感到遺憾。

伊娃的祖母原本住在東歐，之後舉家移民到美國。當時伊娃才六歲大，此後人生起了變化：「當你收拾家當，離鄉背井，進入一個新的文化，原有的世界就天翻地覆了。我們來到美國時，對英語一竅不通，既沒有工作，也沒有自己的社區。我的父母徹底失去方向，我們沒有人脈可以依靠，每件事都需要奮力向上攀爬；我們不懂這裡的風俗，比如看電視、查詢學校什麼時候放學。我很孤獨，什麼也不懂。

「我的童年過得非常艱辛，在瘋狂的家庭中長大。我父親酗酒、打人，母親像個鬥士，努力想把大家凝聚在一起，她需要父親的薪水，也為此付出了代價。我也因此下定決心，要自力更生。」

伊娃靠著當小朋友的家教賺學費，後來，小孩的母親在她公司的人力資源部找到實習機會，幫助伊娃一步一步慢慢往上爬：

「人力資源主管正在找一個特別助理，面談進行得很順利，我被錄取了。我心裡想，別人看出我身上有優點，我得弄清楚是什麼，然後好好的做、好好吸收。之後我開始快速成長，主管對我的期待也跟著增加了。後來組織重組，另一位領導人接任，我直接向他報告。

「他邀我一起重新建構這個部門，我們一一過濾清單，把人名填進新圖表的格子裡。我注意到我的舊主管不在其中，她在我身上投入許多心血，也很相信我。我頓時感覺心被撕扯開來。

「我的新主管說，他決定讓我的前主管離職，我覺得可以嗎？我知道這位領導是在考驗我，也了解他為什麼那樣做，**人們需要弄清楚你的界線，需要知道我屬於哪一派——做符合公司利益的正確決定，還是讓情緒主宰我的決定**。

「我的贊助人之前對新組織寄予厚望，私底下傳簡訊給我。但我不能透露任何機密訊息。等到她被解雇時，才對我說：『妳曉得的，對不對？』那像是搧了我一巴掌，我算是撒了謊，而她則是會為那項決定激戰到最後的人。

「我必須找到自己的價值，應付辦公室政治，同時保持自己的本質。公司存在是為了賺錢，而不是為了交朋友，我學會接受這一點。我向來把自己的成就歸功於他人，但是為了得到那樣的成就，我確實工作得很辛苦。我的贊助人之所以幫助我，是因為我工作出色，值得她贊助。等她離開後，我驚慌起來，心想：見鬼，她不在這裡了，現在我該怎麼辦？我還是很想成功啊！」

調適心情需要時間，不過伊娃的新主管，最終還是成為她的新贊助人。

該不該講義氣？

對於選擇保住自己，伊娃並不自在，她被放進充滿情緒的處境，和一開始贊助她的對象有了立場衝突。她還能怎麼辦？

也許伊娃能夠一方面拯救自己，另一方面又不損害新的關係，這是很困難的情境，牽涉到的每個人都感到左右為難：伊娃的贊助人被蒙在鼓裡，對她的職位變動毫無所悉；新主管必須做艱難的決定；伊娃為了自己令某人（贊助人或新主管）失望而感到煎熬。

工作有時的確殘酷、不公平，但這就是現實。伊娃相信人與人之間彼此有關聯，而且必須對彼此負責，因此她做了自己唯一能做的：對這整件事感到遺憾（伊娃如果保住贊助人，贊助人可能保護不了伊娃，因此她選擇自保）。

06 觀察一個人，以「複數年」為單位

卓越的贊助人不須是白髮蒼蒼的高階主管，
他們只要比你先行一步，同時能為你創造機會就行。

瑞克是大學美式足球校隊的隊長，入選美國職業足球大聯盟（MLS）時，他高興極了。可惜才踢了兩季球，瑞克就受重傷，股四頭肌撕裂。因此，一位大學同學介紹他去媒體業務部門工作時，他便開心的轉換跑道。瑞克在新工作中發現他熱愛運動的原因：團隊合作、競爭、勝出。瑞克很快就升到管理階層，連學習如何當主管的時間都沒有：

「管理者最大的失誤，就是他們因為表現優秀晉升主管，然後企圖扮演自己不屬於的角色。他們往往嘗試過嚴厲的風格，我就是這樣，不曉得為什麼，我認為恐懼和恫嚇是最佳的管理方式。過了不久，這份工作就變得困難，員工對我不滿，生產力未見改善。當一個盛氣凌人、令人

害怕的主管很容易，可是並不管用，於是我開始嘗試其他方法。短短兩個月內，我開始改變我的作風。管理者需要尊敬自己的團隊，也需要增加價值。我學會了八十、二十原則，八〇%生產力，二〇%紀律。

「我最大的恐懼，是身在只把我當數字的地方，彷彿我這個人沒有任何意義。我評量成功與否的指標是，如果某人兩星期不上班，公司營運因而大受影響，那這個人就是成功的。」

瑞克向來很有競爭力，他成為優秀主管之後，又成為職場導師，最後變成一位關愛後輩的贊助人：

「我最得意的事，是帶領部屬隨著團隊一起成長。就拿與我共事五年的人來說吧，我在對方二十五歲時錄用了他，原因是他具有工作倫理，很有找答案的能力，我也欣賞他的努力。如今局勢變化得如此之快，**你雇用人才為的是他們的學習能力，而不是為了他們既有的技能**。

「我最初錄用這個人時，安排他去當業務員，但是他最想做的是營運。這與我當初的構想不同，銷售很容易，但管理卻很複雜。他就像塊海綿一樣，不論是邀請他參加會議、向他展示如何辦事，或是討論問題，他都學得非常快，然後就把這些知識都用上。他帶來巨大的能量，我也很信任他，如今他管理六個手下。

「如果要上戰場，我願意和這個人並肩作戰；如果要上場打球，我願意和他同隊；每一天我都願意與他為伍。我們可以交換想法，哪怕這些想法不屬於他的事業領域，我想我們是最佳拍檔。」

當瑞克離開這家公司，另外創辦一家數位行銷公司，一圓自己的創業夢想時，他的「被贊助人」加入他的行列，成為新公司的權益合夥人，負責營運。瑞克的成功指標果然成真了。

如何回報贊助人？

大多數人會在高層尋找贊助人，但是瑞克成為贊助人時，他還在力爭上游的路途上。卓越的贊助人不須是白髮蒼蒼的高階主管，他們只要比你先行一步，比你有人脈、同時能為你創造機會就行。**建立信任感和加深贊助人關係，需要花上幾年時間，所以不要指望機會立刻就會掉到你頭上。**話又說回來，全世界眾多「瑞克們」，都想要贊助優秀的人才。

贊助是不斷演化的雙向關係。贊助人在施恩的同時，也得到等量的回報，包括影響力大增，獲得合作、忠誠、同伴，還有工作上已經遺失的自我實現感。最起碼，贊助行為使得施與受雙方都更成功。

07 貴人、靠山、師父……需要你培養

雖然你可能已經有潛在贊助人，但也別心存指望，等待某人跨越那條線。從稱讚你的工作，到真正協助你成功，恐怕需要花些時間。

儘管如此，你還是應該投資潛在贊助人，這一點無庸置疑。凱悌經過錯誤的起步，還是在自己渴望的事業找到了先驅者；約書亞的贊助人像守護天使一樣，一直守候在他身旁；法蘭切絲卡的第一個贊助人，幫她脫離錯誤的職務，另外找到一個更好的；贊助人的嚴苛訓練，使傑森成功應付挑戰。崔西的贊助人幫她轉換行業，而且一開始就位居要津；伊娃體認到贊助人對她事業的寶貴價值，在頭一個贊助人被資遣之後，又找到了一個新的贊助人；誠如瑞克所學到的教訓，贊助人之所以出手相助，是因為這對他們本身的事業也有好處。不過建立這些關係，要靠你自己，這也是你職務的重要部分，以下就教你如何結交贊助人。

弄清楚你需要什麼、需要誰

若想進一步發展，你需要什麼？是新觀念？人脈？教練？在乎你的人？還是能夠拯救你的英雄？並非所有贊助人都是相同模樣：

一、決定你需要什麼。先**從你的目標和職業願景開始，然後想想你需要誰來幫**你，而你又希望從每個人身上獲得什麼幫助。即使絕佳的榜樣，也不會適合所有人。最好結交幾個人，那樣會增加你開發贊助人的機會，同時降低你對每位結交對象造成的負擔。

二、辨識你仰慕的對象，或是其事業吸引你的人。**贊助非關友情，你不必喜歡那個人，也不必和他相像，你要的是學習與發展**。假如你曉得自己的興趣，就去找興趣與你相同，但階層高你一、兩級的對象。如果他們擁有你欠缺的技能，或是展現出你渴望的某種實力，就打開你的雷達、關注他們的動態。別忘了，也要留意那些與你不相像的人，搞不好他們能幫你更多忙。

三、讓自己成為值得贊助的對象。如果一個人的工作表現不佳，贊助人是不可能在他身上投資時間的。你必須符合（以及超越）他們的期望，而且這只是開端，他們還想見到你的潛力。慢慢來、好好經營，將公司放在第一優先。除此之外，贊助人會希望看到你有開放的態度，願意接納新的經驗，也希望你有適應環境的彈性。

對認識的人敞開胸襟

除非你喜歡認識陌生人，否則就要學習克服對陌生人的不適感，設法讓自己自在一點。恐懼會干擾你認識新人的能力，但是對方有可能是你潛在的贊助人。有幾個跡象能指出你心裡的恐懼：找藉口（我害羞，我不喜歡認識別人）、找碴或批評（那個人不會是好贊助人）、始終找不到時間（我的工作太多，而且時間緊迫）。假如你發現自己身上有其中任何一種跡象，就**要想辦法找出阻撓你認識陌生人的原因**：

一、如何認識別人：想辦法在你正常往來或互動圈之外，認識新的人。試試以下這些點子：

- 職場上。**提非常好的問題，來吸引別人的注意**。開會時提早到或延後離開。讚美別人的優點，如果是出自真心，就不算虛假的諂媚。大多數人喜歡具體的、特別針對他們情況的恭維。切勿說謊或誇大不實。
- 社交上。**刻意製造機會以認識對方**。打聽他們的家人、興趣或作品，展現你真實的興趣，讓對方多說話。

二、辨識潛在贊助人，首先從你的主管開始。敞開胸襟，利用這些標準來衡量你的主管（或其他比你資深的人），看他能否成為你的贊助人。

- 接近以求拓展機會。**他相信你有潛力嗎？他願意押寶在你身上嗎？如果答案是否定的，找他談一談並找出原因**。你可能需要在自己的崗位上多待一點時間，如果對方給的理由有事實根據，你要虛心傾聽。萬一你覺得對方在敷衍你，其實那就是拒絕的意思。
- 施與受。你與對方是互相尊敬與支持的關係嗎？互惠關係比較牢固，即使你的主管脾氣有點壞，但是他是否時時給予回饋，讓你覺得比過去強大，攀爬下一階層的動機更強？**只接受不給予的人（而且還令你疲憊不堪），不是你要找的人**。
- 分享功勞。不肯和部屬分享功勞的主管，絕對不會主動來幫你。有些主管很有策略，會替爭取升遷的人累積功勞。**只要你的主管肯分享功勞，那就是可靠的人選**，你終將等到機會降臨。

培養關係

你應該尋找好幾位潛在贊助者，但這就意味著，你必須在每一位身上花點時間：

一、弄明白你將經歷什麼。**雙向關係需要你付出更多時間、忠誠與責任**，不妨先從小量請求開始嘗試。在你開口要求自己需要的東西之前，設法替潛在贊助人辦些事情。把焦點放在你潛在贊助者的實力上，有時候資深的人顯得有瑕疵，但除非是價值觀背離，否則有幾個瑕疵，反而會使你的潛在贊助者更有人情味。

二、規畫你的互動內容。互動可以是吃一頓長時間的午餐，或是在走廊上簡單聊兩句，不管是什麼型態，你的贊助人每次都需要了解你的目標，以及你想要從互動中得到什麼。你是主導的人，所以要準備好議題，務必向贊助人扼要說明未來的步驟，離開之前也要做個總結（「我們有沒有達到您的目標？您還有其他想法嗎？」）。

三、切記感謝你的贊助人。以具體說詞分享你所學到的東西，別人能分辨真心誠意和敷衍了事。不要滔滔不絕說個沒完，令你的贊助者感到厭煩，他不是你的家人。

尋找獨立的機會

假如你與贊助人密切合作，有朝一日將會很難分離，可是時機恰當時，分離是重要的——屆時你的贊助人將已獲得贊助你的真實好處，你應該優雅退場，尋求獨立：

一、主動認領小專案。如果組織在你的職務範疇之外，設有特別任務小組或其他專案計畫，你要主動開口請求指派，這是拓展網絡的自然方法。你也可藉此尋找新的職場導師，他們也許會成為新的贊助人。你原來的贊助人，將為你的積極主動感到與有榮焉。

二、換跑道。如果你的主管剛好也是你的贊助人，不妨尋找自然的外調方法，就算是臨時的也好。請教主管，你該如何計畫未來的步驟。調到不同的市場或職能部門，有助於建立新關係，也能證明你獨立了。

三、保持聯繫。分離不代表斷絕原本的關係。設法讓你的贊助人有面子，讓他曉得你現在做得如何。你在贊助人身上投資，幫助你的長期成功；未來你在職場上將會更明白，他們曾經如何幫助過你。趕快拿起電話聯絡他們吧。

如果你是贊助人

你能夠當贊助人——這是值得一做的事，報酬絕對比你的投資高出很多。一旦潛在贊助對象超越你對其績效的期望，就放膽冒險吧：

一、開啟最佳門戶。透過接觸新經驗、新情境，人們得以建立新技能，也才會成長。

● 克制批評。決定如何培養對方的實力，以及如何說出你對他的信心。這一部分很簡單：只要表達清楚你們在同一條船上就行了。

● 抓住機會。有些人會要求太多機會，有些人則躊躇不前，**假如對方的野心大於能力，你應該誠實而關愛的提醒他**；如果他猶豫不定，則要表達對他有信心，藉此鼓勵他提起勇氣。

● 冒險押寶。以對方利益為基礎，替他找到正確的成長工具。有些贊助人在提供協助的同時，**要求對方必須每次都要成功，結果無法提供被贊助者長期任務。試想，誰能夠每次都成功呢？**

● 推他下飛機，但要先穿上降落傘、張好安全網。既然你也是參與者，那就一起跳吧！想要增加被贊助者的成功機率，一切都看你的了。

二、昭告天下。務必將被贊助者的精采表現擺在大家眼前，不能只靠嘴巴講講。拿出證據來，說明營運績效有了改善。

三、協助被贊助者獨立。記住你並不擁有對方，他們不應該被當成僕人。如果他們獨立了，反而會讓你更體面，對你的晉升也有幫助，因為這代表你具有信心與領導力。

有些人因為別人的偏見，只好單打獨鬥爬到頂峰，可是如果沒有必要，何苦獨自打拚？有贊助人的助力，能大幅增加你的成功機率，而且背後有個全力輔佐你成功的團隊，感覺是非常棒的！

第八章

如何站出來領導眾人

選擇提出相反意見來領導組織，可能令人心驚膽戰。首先必須在小組會議中，分享自己的觀點，然後在面對高層主管時，得堅持自己的意見；可能還得去政府單位表達立場，或是上臺對同行發表演說。不論是在私下或公開場合，站出來說話都是讓人緊張的經驗。

安恩對聚光燈並不陌生，她渾身散發自信。安恩在加拿大出生，父親在一個偏遠的地區經營小生意，後來雙親決意離婚，身為外交官的母親帶著安恩前往日本，獨力扶養她長大。那段經驗使安恩有機會接觸更廣大的世界，而且提早獨立。後來，她在自己工作的顧問公司裡，自動自發的提議一項前所未有的訓練計畫：

「那是我做過最重要的大事，也是我第一個沒有經過『大人』指導的大規模計畫。原先是一個朋友提出構想，我立刻加入了；提出構想固然重要，可是善加落實更重要。我們的志願團隊為一百位同僚打造一次全新的訓練經驗，過程中必須招募二十位資深的中階人員。

「我們有共同的願景、一起分工合作，所以團隊中的資深和資淺人員之間，並沒有位階高低的問題。我們花了好幾個月的功夫準備。我當時在巴西做一個專案，利用十小時的飛行時間完成專案，最後兩個星期不眠不休的工作。大夥兒很投入那項願景，因為我們花大筆時間鼓舞其他人，使他們也振奮起來、共同參與。其實要求大家在週末參加活動，真的很冒險！我們曉得這場訓練的成功與否，關鍵在於人們是否帶著開放學習的心態來參加。

「最後，為期兩天的訓練結束之際，我們做完總結並感謝所有人，結果整個團隊都站起來為我們熱烈鼓掌。

「那是我第一次被視為作風迥異的領導人，和過去單純執行上級指示的方式截然不同。我每天早上主持一場簡短的會議，告訴高階主管今天我想得到什麼成果，彷彿他們是我的手下。之後，其中一位說話了：『資淺員工不會用那種方式對公司合夥人說話，這真令人驚奇！』經過那次經驗之後，好幾個資深主管幫我爭取下一個職務。

「回顧過去，我常這樣想：那真是一項好決定。本來資深主管根本不可能推薦我，擔任接下來的職務，但我徹底改變了遊戲規則。」

管理階層假設所有年輕領導人，都像安恩一樣信心十足，能夠在主管面前態度堅定，揮灑自如。然而事實絕非如此。

即使是專業演員，從後臺走上耀眼的舞臺時，也可能感到膽怯。天生不怯場的人少之又少，所以這些人會事先做好準備，推測觀眾會提出的困難問題，然後一再預演。話又說回來，在大庭廣眾下開口說話只是最起碼的要求，你還要用最恰當的方式說出來，包括想要表達的情緒、說話的音調、速度、抑揚頓挫和停頓。知道何時該保持緘默也很重要。

然而，只著重在聲音也不夠，還必須顧及你的「臺風」。我承認我痛恨「領導者風範」和「個人品牌」這樣的字眼，每次聽到都被激怒；你又不是一個罐頭，不是包裝精美的高階主管。你的價值來自於你自己如何執行工作、別人如何看待你。他們是否認為你是有自信的領導人，值得他們追隨？而這關鍵在於你打算讓別人怎麼看你，包括你行走坐立的姿態、對空間的運用、你的精力、你與在場每個人的聯結，那就是臺風。

結合聲音與臺風，表達你的堅定立場。你要運用自己的所有長處，這一步走得好，等於向上級昭告你已經準備好接受更多挑戰。不相信嗎？觀察知名的演講者，聆聽對方優秀的演說時，你會對他們的號召躍躍欲試。

不妨站在管理階層的立場檢驗你自己。你的沉默不語，可能被管理者誤會為不願投入；你的猶豫不決，可能透露出欠缺信心；你的不自在，也許意味著缺乏升遷的潛力。你的坐姿可能顯露出傲慢，說話太輕率、愛插嘴、速度太急切、喋喋不休，都可能遭到錯誤的詮釋。是不是覺得壓力很大？所幸聲音和臺風都可以學習，下面這些故事就是證明：

- 阻止你開口表達意見的真正原因是什麼？麥汀從小就有嚴重的言語障礙，他從來沒想過，人們竟然會想聽他開口表達意見。
- 怎樣才能促使你站出來表達意見？當周遭的人對喬依說，她應該考慮離職時，喬依選擇留下來，證明他們都錯了。
- 你如何為自己表達堅定立場？嘉瑞德明白沒有人會負責之後，站出來替自己抗爭。
- 培養領導力的步驟是什麼？賽金極為渴望體驗世界，他從土耳其起步，逐漸往上攀升。
- 你如何鼓起勇氣，更從容的站出來？布魯斯具有非常獨立的精神，對挑戰極為嫻熟，成果十分不凡。

至於你的頭銜是什麼，根本不打緊。

01 上臺說話。通常認為你不行的，是你自己

真正的信心殺手是自我評斷。

那家金融投資公司的人事主管，建議我訪問麥汀時，語調十分開心，她說：「妳一定會喜愛他！他很特別！」麥汀用一場精采的演講，分享自己的事業生涯：

「我從小（四、五歲開始）就有言語障礙，所以沒想過要上大學或就業，因為我覺得自己不可能做到。我不是那種會主動找人說話的人。然而，我後來卻變成那種人：幾乎是為了向自己證明，我可以登臺說話，而且不允許言語障礙成為我的絆腳石。大學時，我參加模擬法庭社團，隱約覺得自己搞不好可以在專業情境中與人對話。」

這個念頭在他心裡盤旋許久。其他人擔心在職場上說蠢話，但是麥汀憂慮的是，自己根本說不出話來：

「我的恐懼是，如果我接受自己有這種障礙，就會**被視為沒有資格或沒有能力**。大學一年級時，我真的相信當初被錄取只是僥倖，自己隨時都會被學校開除。現在我知道那並非事實。「我早早就被賦予責任，過了幾個月，發現那個沒有前途的自我形象，已不復存在。我已經開始接電話，能夠對著話筒說：『嗨，我是麥汀。』過去我一直很難報出自己的名字，這個過程是漸進而艱難的，雖然有那麼多相反的證據證明我能做到，但依然很難改變。有時候，我仍會懷疑自己是否有才華。」

麥汀的蛻變是怎麼發生的？改變心態是催化劑，可是新的心態無法馬上帶來成效：

「對我來說，心態的改變來自於我領悟到，培養能力的過程十分漫長，這很容易令人灰心。就好比去健身房運動，你不可能很快就練出結實的肌肉，必須持續鍛鍊才能慢慢成功。我真的不相信什麼至理名言、勵志卡片上說的內容——比如『你已經夠好了』，光靠閱讀卡片上的文字，並不能使你內化和吸收。

「我經常發現自己說的一些話不夠流暢，擔心之餘，我會詢問別人的看法，可是對方總是說『你很棒』，讓我感到無力。分析式的思考方式可能有助於找出錯誤，可是這不能應用在自己的表現上，你不會因此而表現良好。

「我見過與我懷有相同恐懼的人加入公司。而現在，我只能假設現在的某些煩惱，未來將隨著成長而顯得庸人自擾，因為我已經見識過這種事。」

麥汀曾經認為自己與大學、事業無緣，訪談他之後我知道，他的成就遠超過克服挑戰。

不敢上臺，於是蠢蛋領導你

深深嵌入腦海中的信念，塑造我們倚賴的視野。言語障礙固然造成生理阻礙，可是自我局限的心態更可怕。麥汀換掉舊的心態（人們不重視我想說的話）之後，他的經驗便得到改善。不過心態可是很頑固的，沒有立即見效的開關，你必須努力摒除舊心態，所以應該把焦點放在欣賞（享受）演變的過程。

真正的信心殺手是自我評斷。即使麥汀改變行為、過了很久之後，依然無法擺脫自我形象，這個過程像是鍛鍊新肌肉，成功之後還需要習慣新的自我。練習的時候，不妨拜託四周的人，請他們見到你發生改變的時候告知你，這麼一來等於提醒對方注意你正在改變，他們提供的證據威力強大；過不了多久，你就不會再認為自己沒辦法，或不應該卓然出眾。

02 不發言比說錯話更糟糕

「受重用」絕非舒適的路，別自欺欺人，
每次你想更上一層樓，必然要經歷痛苦。

喬依的父親與高血壓、腎臟病奮戰，母親為了救父親的性命，捐贈了一顆腎臟。喬依從父母親身上學到，企圖心、堅忍和愛能克服任何挑戰。學校讓喬依第一次驗證這項信念：

「我讀街坊的小學時，是位表現優異的學生。可是到了初中，學生來自四面八方的地區，上學變成非常痛苦的事。七年級那年是最困難的一年，我流了很多眼淚。

「我十分挫折，因為功課趕不上，成績落到B——和我習慣的頂尖成績差太遠了。我本來可能輟學，反正有半數少數民族的學生都輟學了。可是留在學校會使我做好準備，應付往後人生中充滿挑戰的環境；它強迫我晉升到下一個層級。從此以後，挑戰就成了我熟悉的常態。」

喬依的夢想是設計噴射引擎。她超級幸運，念大學時，在一家飛機製造公司找到實習機會。喬依很快就得知，光是設計一個小零件，就得花二十年的時間，所以當一家消費產品公司打電話來時，她回了電話，畢業後隨即進入那家公司服務。

當喬依以為快成功了，可是公司協助非裔美籍員工的訓練課程，卻使她栽了跟頭：

「我的成績單顯示，我是全部學員中最差的，訓練專員說：『妳在這裡的表現不樂觀，主管一定已經告訴過妳了——妳恐怕無法勝任。或許妳可以開始找別的工作了。』**當我不發言時，看起來好像對訓練不熱衷**，沒有提出任何新想法或思路。**那不是智力問題，而是我的態度問題**。太慘了！我一路哭回家。

「那位專員說，白人主管給非裔美籍部屬回饋時，都覺得不自在，可是第二天我還是回去問個究竟。我的主管說：『妳在說什麼鬼話？妳表現得非常好啊。』他給了我一些例子，都是正面的。儘管如此，可能因為他表現得有些不自在吧，所以我還是懷疑他的說法。

「我注意到自己的工作風格和別人大不相同，我是極度內向的人，在會議上從來不發表意見。我會在心裡想一想，事後再跟我的主管說。」

喬依內心深處一直害怕自己不能勝任，可是接下來的六個月，她非常勤奮工作，想要證明成績單寫的是錯的：

「我**主動和以往不見得會接觸的人建立關係，有問題就向他們請教**，對方都不吝指導。以前的我像個島嶼似的，孤僻又不合群。

「大概過了一年，主管交給我一項重要的專案，要我去領導。如果專案的進展不佳，便是清楚明白的回饋。可是，之後主管開始在會議中要我發表意見，我心想：我對小組顯然很有貢獻，大家都重視我。

「又過了一年，我的主任和一些外部合夥人開會，我是在場人士中最資淺的，但是我堅決反對他們想要做的事。我坦然表達看法，後來採購主管告訴主任：『喬依令人心生畏懼！』主任說：『她是我的團隊裡最強悍的一員。』那時候我才明白：我真的很不錯耶。有夠開心的。」

如今喬依已經在公司服務八年，實力越來越強大，而且已經升任品牌經理。

在團體中，你可以寡言，切勿沉默

當時喬依大可離開公司，另找文化更和諧的去處，可是她沒有，反而接受不堪的回饋，挑戰自己。**你在群體中所做的每件事，都散發著訊號——不論開口說話或保持沉默**，採取行動或什麼都不做。大多數人都把焦點放在討論的內容上，忘記其實我們每刻都在傳遞訊息，除非別人很熟悉你，否則他們不僅會藉此評斷你的表現，也會判斷你是否準備好扛起更多領導責任。

喬依**必須建立橋梁**、**重塑關係**，**設法聯結能夠幫助她的人**，**形成網絡**。這需要用上她的三項優點：企圖心、堅忍和愛，另外還要加上勇氣。每一天都有機會加強現有關係或建立新關係，每次開會都是迎接挑戰的新契機，而隨著一次次的練習，事情也會越來越順利。

03 即使答案是「不」，還是要開口爭取

別人可能對你說「不」，但是最好還是開口爭取一下。不分男女，開口的總是比不開口的收穫更多。

嘉瑞德有五個弟弟妹妹，所以很有責任感，他天生就是努力工作、專心追求目標的人，雖然渴望出人頭地，但是也很渴望穩定：

「我從小就在家自學，直到初中才上學，互動對象多半是大人。後來我想去真正的學校就讀，父母送我去一所私立學校，兩年後又轉去公立高中。這些經驗都很成功，讓我保持強烈的自我意識，同時也給了我自信。我固然渴求持續與穩定，但是那些轉換過程並不可怕。

「我爸爸是獨立工作的軟體顧問，在我的成長過程中，他的工作經常很不穩定，所以我一直想要在大公司找工作。我要確定公司明天還會開著，曉得這一切都還穩定，那樣會讓我覺得一切

都在控制中。」

嘉瑞德工作了兩年後，碰到薪資與升遷凍結。過去他一直是好僱員，工作努力，也相信一切都將安好：

「我得到很棒的回饋，明白自己受到重視，可惜公司利潤不佳，我沒有得到升遷。我覺得遭到背叛！明明自己的績效比別人高了兩級，替我加薪也不會讓公司破產。於是我曉得，現在我必須自力更生。

「我跑去對部門主管說：『我很珍惜那麼棒的回饋，而客戶也很重視我，但是這些都沒有反映在我的薪資上。扣除通貨膨脹因素，現在我只比剛就業時多賺兩千美元。』

「我看得出來主管很驚訝，他說：『你說得對，我會考慮看看。如果你沒有得到回覆，記得回來找我追蹤此事。』我離開的時候覺得掌握了局面，他知道我不開心，這一點我已經成功向他溝通了。另外，我也對此感到生氣——那是我克服自己彆扭的方式。

「我後來追蹤此事，也已經做好離職的心理準備，沒想到真的得到加薪與升遷，於是我留了下來，因為為此中斷事業並不划算。」

學習為自己挺身而出對嘉瑞德頗有好處，後來他跳槽到另一家金融機構，位階更上一層樓，擔任該公司的公關副總裁。

別等公司主動替你加薪升遷

不是人人都能面不改色的爭取薪資和升遷，這樣的作為可能破壞平衡，但也是職務的一部分。優秀的績效讓你有權利開口爭取，當然，你必須好好操作，才能避免弄巧成拙。

你應該力陳自己對公司的價值，這樣你的主張才顯得有力且公平。管理階層不必照顧你，可是他們想要事業興隆，而你正是其中一部分；你的主張越強而有力，就越可能如願。

可悲的是，女性開口爭取加薪或升遷比男性困難。你應該事先演練，因為獲得應得的報酬和遭到誤解之間，只有微妙的差距。抱持開放、中立、積極的態度，表達你的觀點，如果你的說詞聽起來對公司有利、對你也公平，應該能使對方願意傾聽。別人可能對你說「不」，但是最好還是開口爭取一下。不分男女，開口的總是比不開口的收穫更多。

那一天，嘉瑞德獲得了成長；他為自己挺身而出，冒著失去穩定的風險，也讓自己擔心了一回。不過這麼做是替他自己負責，因此也掙得獨立。

如果讓我來評理，我會說他賭對了！

04 承認自己不懂，向部屬請教

質疑現狀需要勇氣，
對現狀採取行動，需要更多勇氣。

賽金在伊斯坦堡長大，是家裡的獨生子。他的父母都在銀行上班，每天都忙到很晚，因此賽金從小就經常獨自在家。不過他也因而得到一項寶貴的禮物——獨立。

獨立挑起賽金的好奇心和冒險意識，他拿到獎學金後，先去法國上大學，接著又去美國攻讀企管碩士，之後從事顧問業，開始接受全球化的經驗。賽金返回土耳其後，進入一家專門做產品管理的金融服務公司，當時的市場如同一灘死水，公司面臨難以成長的棘手挑戰：

「我覺得很奇怪，銀行不是賣我們公司的產品，就是賣我們競爭者的產品，可是不肯兩者兼賣，於是我開始分析原因。我從其他國家引進產品樣本，給我們的客戶看，幫助他們在土耳其推出新的產品。然後，我靠沒有人在使用的數據，把這套辦法擴張到其他國家。主管讓我管理更多國家的市場，最後我帶領一支七人小組，負責二十幾個市場。」

之後，賽金的主管派駐在歐洲的上司，邀請他應徵一份美國的管理職務，這位越級上司剛剛轉調到紐約，就打電話給賽金：

「我當時回答：『我很樂意，可是我完全不懂美國市場。』她告訴我這是公平競爭，如果我不去，就少了很多學習機會。於是我申請了，然後前去紐約面試。回到家後，我告訴妻子，他們大可輕易在紐約找到人選，不必千里迢迢把我調過去，還得應付簽證之類的流程。

「後來，我去烏克蘭和客戶見面，會議結束之後，接到紐約打來的電話，說我錄取了！我很高興，也感到緊張，先前我一直不相信他們會交給我這份職務，因為調我去歐洲比較合理。」

接下來，賽金挺身迎向他最大的領導挑戰，所幸他的新團隊很幫忙：

「我負責一支產品銷售團隊，想和他們並肩合作，弄清楚對方的願望、工作風格和每一方面。我心裡只有一件事：真誠表現自我，並傳遞高度正能量，證明大家同在一艘船上。

「後來，團隊成員告訴我，我的作風透明、沒有任何遮遮掩掩的問題。前任主管沒有讓團隊出過風頭，我則**懷抱敬意和求知欲向組員學習**，藉此達成這個目標。承認這一點沒什麼好丟臉的，他們在這個市場待得比我久，如果他們願意解釋給我聽，我會非常專注的從頭聽到尾，因為我總是想要學習。你與別人接觸得越多，就會吸收到越多觀點，不再只死抱著自己的想法，如此一來，你的判斷力會隨著時間進步。」

賽金一步一步攀到高層的位置——他從未放棄體驗世界的渴望。

領導者不必什麼都知道

賽金面對每一次領導挑戰時，都把它當作學習和以創意解決問題的機會。好奇心令人耳目一新；質疑現狀需要勇氣，不過對現狀採取行動，需要更多勇氣。

賽金還有一個祕密武器：他的團隊。團隊提供的任何東西，賽金來者不拒、一律吸收，而且事事都要問個清楚明白——這真是奇妙的組合！

這一則故事中，學習心態是重點，它敦促賽金挑戰現狀，而賽金之所以每到星期五就要檢討一週的工作成果，也是出於學習心態。他說：「我質問自己怎麼改進，十年內我要在工作上闖出一番成就，可是如果我只是工作、別的都不管，就不可能功成名就，還可能搞壞身體與人際關係。」賽金和父母一樣，都是快樂的工作狂，不過他也很謹慎，務必確保自己擁有完整的人生。

05 表達意見要提出解決對策，光會批評最惹人厭

提出挑戰之前，先找到降低風險的辦法，其中之一就是提供解決對策，沒有人喜歡只會批評的人。

布魯斯的聲音聽起來很有自信、獨立、有說服力，我很好奇他是怎麼學來的。布魯斯出生於新英格蘭的一個小鎮，他形容自己的童年「普普通通」：

「我總是想要成就一些事情，而且喜歡挑戰，因為我的競爭心很強。我弟弟相當有運動天分，我原本對運動不感興趣，可是一發現弟弟運動很厲害，我的心態就改變了！我總是逼自己走進不安適的處境。我有很多成長機會，因為學校功課太輕鬆了，所以課堂上老師一邊上課，我就一邊做家庭作業，這樣放學之後，就能隨心所欲做我想做的事情。

「我還記得母親有天告訴我，她講話還算中肯，可是我很喜歡挑戰她，這實在很討厭。我

說：『如果想要我聽話，就必須拿出事實或邏輯來說服我。』即使當時年紀還小，我從來不害怕開口。」

高中時，布魯斯追隨雙親的腳步，去同一家製藥公司打工，人力資源部門遊說他畢業後去公司總部附近的大學攻讀電腦。布魯斯照做，白天上學、晚上在公司兼職，畢業後轉進資訊部門任職。十五年後，布魯斯成了公司最年輕的副總裁，他不只是因為工作勤奮而平步青雲，勇於堅持立場也使他格外出眾：

「我們公司正在與其他公司合併。對方公司的顧問前來提供建議，主張接收我們整個基礎設施，這樣公司管理階層就不必操心合併之後的新公司。可是我心想：那樣一來，我的工作就沒了！這種恐懼促使我挺身發言。

「我另闢蹊徑，提出一個對公司有利的計畫，成本較低，而且合作會更愉快。公司決定放棄雇用外面的包商，命我主導整合資訊基礎設施。接下來那個星期，我們搭機前往德國，那是我第一次上臺報告。我懷疑有沒有人知道，我腦中其實一片茫然。」

布魯斯身為基礎設施小組領導人，必須檢討關於整合的完整計畫。他覺得顧問所提的方案很荒唐，根本不切實際：

「大家都說：『你必須支持（這項計畫）。』我一直想找那個提案人理論，因為憑常識就應該知道，在有限時間內不可能完成計畫。可是我怎麼找都找不到他，最後不得不打電話給資深主管，向他報告我的背景，然後提出關鍵路徑（critical path）[1]的問題。我說出自己的想法，他仔細傾聽，後來他們改變計畫進度，還讓我去負責整個計畫。至今時間過去十年了，他還記得我打的那通電話。

「某人掌握你所知道的事情，而他的職位也適合提出你可能提的問題，但你不能因為這樣就滿足。或許你的位子看不見更大的格局、掌握不到所有的事實，也不需要因此害怕，別怯於開口提供意見。我對人們怎麼看我非常敏感，儘管如此，我不讓這種想法扯我的後腿，阻止我做正確的事。」

你可能以為，一個人這樣冒進兩次，應該夠了吧？可是布魯斯不顧主管警告，竟然要求參加高層會議，第三度開口抒發己見：

「有一家資訊供應商新推出夢寐以求的工具，讓一切聽起來變得很簡單。那場高層會議的主席要求大家發表看法，人人埋頭不語，都暗自希望別被點名發言！於是我慷慨陳詞，說我們早就有這樣的工具，也有了解決方案。棘手的部分是，大家必須合力以正確的方式使用這工具，好發揮其價值。

「主席往臺下看了看，並問我是誰。我解釋之後，她說：『我欣賞你，務必做出成績來。』我接受並努力完成，因為我向來渴望突破人們加在我身上的限制。」

那次會議的主席也是公司的執行長，她給了布魯斯一份新職務，讓布魯斯直接向她報告。

1 計畫活動中用到的一種算術方法。

提出問題，然後呢？提出你的答案

布魯斯的企圖心和獨立思想具有激勵作用，如果你也希望自己和他一樣，請仔細聽好了。我並非鼓吹不分青紅皂白就獨排眾議、發表意見，你需要講究方法、考慮周延，在挑戰群眾之前，請先做好準備。

首先要使你的利益符合公司利益，這樣才能造就雙贏局面。不要管別人怎麼想，有時候他們錯得離譜。假如你認為自己是對的，就好好釐清邏輯、蒐集事實。萬一別人的論點夠強大，你也應該識時務，改變自己的觀點。

提出挑戰之前，要先找到降低風險的辦法，其中之一就是提供解決對策，沒有人喜歡只會批評的人。坦白說，只會說、不會做的人很討厭。與其直接挑戰，不如採用比較委婉的替代方式，例如提問題。為了增加效能，你需要尊重他人，用實際行動支持你的論點，也許就會發生好事。

做好準備，挺身而出，很可能帶給你前所未有的機會。

06 評估出頭機會，我要出眾、不要遭忌

隨著個人的成長，你將難以避免站定立場，而且很可能已經有過至少一次這樣的經驗。還記得人人都退卻，只有你一個人站出來說話的那一次嗎？覺得很有挑戰性嗎？太棒了！

本章所講的那些勇於提出挑戰的故事，當事人既需要融入群體，也需要群體聽見他們的聲音。正因為如此，大膽挑戰才會那麼困難。「放手去做就對了！」這類膚淺的忠告，根本沒有效果。安恩看似游刃有餘，其實整個童年都在練習；麥汀必須克服身體障礙，以及隨之而來的桎梏心態；喬依必須面對事業發展受限的恐懼；嘉瑞德、賽金和布魯斯則聚焦於機會上，學習如何發動挑戰。

勇敢站出來是成長的一部分，成功的話，將能蛻變為有遠見的勇敢領導人，曉得事情應該怎麼樣才對。任何想要發揮影響力的人，都會走進這片領域。以下就是你接下來該採取的步驟：

了解你的出頭機會

假如站定立場讓你覺得冒險、不舒服，這很正常，但是在決定避免這樣做之前，先用點策略性思考。從本身的期盼、職業生涯、自己感興趣的角度，去探索你的機會：

一、分析亮點。**表明企圖心之前，你要優先做好每天的工作**。記住，日常工作是你的考績核心。那麼第二件事又是什麼？依然是每天的工作，接下來才是評估你出風頭的機會，以下是四個評估標準：

- 正確的事：**這件事對公司有沒有幫助**——還有，**這件事應該做嗎**？
- 激勵作用：這件事會激勵你，而且具有相當大的影響潛力嗎？
- 顯眼與否：這件事的影響**會不會引起高層主管注意**？
- 成功機會：**你能夠兼顧這項額外工作，並表現良好嗎**？

二、替自己打氣。換句話說，用積極的心態，增強自己的勇氣與信心。

- 發掘綁手綁腳的心態。這種心態會扯你後腿，使你不敢出頭（大鳴大放會害我被炒魷魚），而且通常都根深柢固，隱藏在其他看似合理的心態底下（資淺的人應該保持沉默，藉此表達敬意）。

● 站在第三者的立場觀察該心態。探究這種心態如何一邊幫助你，一邊卻又限制你。舉例來說，它可能阻止你脫口說出尚未成熟的想法，卻也造成你乾脆完全緘默，什麼也不說出來。

● 從恐懼轉化成企圖心。選擇一種促使你採取不同行為的不同心態（我能夠實現這個了不起的點子），在不一樣的情境下，你大可擁有現在選擇的心態；當恐懼不存在時，這種心態當能奏效。

● 想像自己的新行為：當你在特定情境下改變心態時，自然會導致不同的行為。現在你覺得如何？你能想像自己採取那種行為的樣子嗎？

準備卓然出眾

練習出場可說是付出小、效果大，讓你做好準備、採取行動。不要在你打算發言的前一晚臨時抱佛腳，而是要在事前反覆練習，選擇在你比較不被情緒左右的情境下排練，拓寬自覺舒適的範疇。

一、利用別人替自己壯膽。透過別人的眼睛看你自己，有助於糾正你那綁手綁腳的心態。

● 設定你的目標。**明確指出自己的短期目標**，同時考慮你有沒有適當的教練，能協助你達成目標。如果沒有的話，趕緊找個合適的。

●了解自己什麼狀態最出色。找幾位清楚你工作情況的主管，請他們談談你什麼地方做得好，擔任什麼職務最出色，還能在哪些方面多努力，以創造最好的成績？別忘了與你的教練分享，主管們給你的回饋。

●按照教練建議的做。如果事情進行得不順利，不要責怪任何人——不要怪你的教練，也不要怪自己。挫折是最好的學習時刻，你應該為此感謝你的教練。

二、做好準備。既然你已下定決心，那就蒐集事實吧，否則只不過是你的意見，與別人相左罷了。**人們會注意反對現狀的個體，這正是出眾的定義**。

●想好你的立場。挑戰別人就像在會議中投擲手榴彈。挑明立場有很多其它方式，你要在會議之前就逐一考慮，事先打電話或用電子郵件和會議主席打聲招呼，最好參加或領導特別任務小組，讓你的建議更完善。**用條列式重點草擬你想要傳達的訊息，同時準備好簡短有力的電梯簡報（elevator pitch）**。

●做功課，訂計畫。不要假設別人都是錯的，四處問問、蒐集事實，檢驗自己的想法。如果你蒐集的事實很多，可以**將你的論點轉化成一項商業報告，納入相關挑戰、替代觀點和解決方案**。清楚說明若是採取你建議的方法，可能會發生什麼狀況。找一個值得信任的人測試看看，聽聽對方的反應。

三、進行排練室排演[2]。找一面鏡子練習，看看你實際發動挑戰的樣子，藉此進入狀況。接著用手機拍攝你自己的影像，如果能找朋友幫你拍攝更好。設法用力掙脫你的舒適圈，站在房間前方，練習如何在開口之前保持冷靜。練習以高聲、低聲、快速、慢速發言，實驗不同情緒的表達，比如權威的或友善的語調。擴充各式演說型式，以增加你的影響力。

四、練習激動過後恢復鎮定。事先就開始練習正念，因為發動挑戰的當下（以及事後），它會立刻派上用場，簡單來說就是：

- 坐姿從容。抬頭挺胸，身體（手腳）放鬆，閉上眼睛，把焦點移向內心。接下來的幾分鐘，深吸一口氣數到四，然後呼氣數到六，反複做幾次。
- 思考你希望創造的結果。設定你的意圖──舉例來說，我想對討論有所貢獻。在你真正走進會議室之前，在安靜的地方（洗手間就很不錯）重複這項練習，希望你會比較鎮定。

五、準備就緒。準備開放式、激勵人心的問題，令其他人感覺投入但不須擔心。比如：「怎樣才叫偉大？」或與其相反：「我們遺漏了哪些『黑天鵝事件』[3]？」或許有人會把問題丟回給

2 想像一處可以進行實驗的安全地點，那裡有大量的支援，你一定能成功。
3 Black Swan Event，指難以預測的重大事件。

你，所以要先做好心理準備。

往前邁步

開口說出意見只是冰山一角，表明立場還牽涉到你的遣詞用字、聲音、姿勢、口才和責無旁貸的態度。

一、全神貫注。走進現場時，記住你的意圖、感受你的情緒、刻意與其他人產生聯結。慢慢來，你要保持警覺、專注以隨機應變。

● 沉著冷靜。當你對某個議題感覺很強烈時，聲音自然而然就會提高，或是說話速度變快，而身體動作也會洩露你的緊張。這些對你的發言都沒有幫助，此時就該好好利用正念。

● 習慣聚光燈。第一次處在緊張的情境下，你很可能會感到驚嚇，不過你可以利用已經練習過的口頭禪，來緩和這種讓人心臟狂跳的情境，例如：「我在想……」或「這裡有一種不同的看法」，不然你也可以深呼吸。

● 懷抱敬意拉攏別人。積極聆聽，提出你的詮釋，證明自己確實聽進對方的話。想辦法將別人說的意見由點連成線、連成面，將你的觀點定位成積極、正向。勾勒可能的願景，傾聽你所接收到的反應。

●回歸平衡。在會議中發言之後，利用與前述相同的呼吸韻律減緩心跳，重新聚焦。

二、堅持立場。一旦表達立場之後，你就有責任協助組織往前邁進，這項計畫你責無旁貸。

●快速反應。在提出意見的當下與隨後，你要拿出最高的效率來應付接下來的事，比如化解他人的誤會，或是解答問題。不妨這麼說：「對於您剛才所說的，我的理解是……。請聽聽看我的想法對不對。」對你的解決方案要有信心。

●構思下一步，帶頭行動。你已經開啟連鎖反應，現在要帶頭找到比較好的解決方案，很可能必須與他人合作，因此你應該歡迎這次的機會。

●肯定自己的功業。你已經熬過最嚇人的那一刻，下次還會做得更好。你的心跳很快就會回到正常的頻率，大腦也很快會重新恢復思考。

向前邁出大步，你將成為更有力量、更能啟發他人、更有人味的領導者。走進棋局就是有這些好處，你在棋桌旁有一席之地，人人都在觀望、聆聽你這個人。

第九章

別成為一個「但願自己當時……」的人

如果你詢問高階主管，他們多半會說，但願自己曾在職涯早期時，多冒一點風險，這其實有點馬後炮。當年是什麼阻止他們那樣做？各位讀者們或許也一樣，曾遺憾沒有為了事業或公司好，多冒一點險。

其實每件事最後都有風險（不採取行動也是一種風險），因此冒險才有助益，向大膽冒險的人學習也才有幫助——冒險成功固然很棒，但就算失敗了，也是我們記取教訓的對象。

潔西卡學會一步步承擔風險，她接受主管指派的一項高風險任務，採訪兩位媒體大亨：

「有個編輯主管鼓勵我去追這條新聞，報導一段發展中的關係。假如我退回去問：『對方幹嘛要接受我訪問？』或是『他又能說什麼？』那麼我可能就不會去跑這條新聞了。我決定要從這位億萬富翁嘴裡挖出完整的故事，因此鬥志高昂、想盡辦法爭取對方接受訪問。我傳真一封信函，動用了各種關係，雖然機會看來很渺茫，沒想到最後竟然管用！

「我在訪問中有話太多的毛病，而且很緊張，但訪問還是很精采！接著我打電話給第二個人，要取得他的說法。而他對第一位大亨所說的話感到震驚。

「在編輯的協助之下，我寫的報導登上頭版。那不是我的文章第一次登上頭版，卻是我至今影響力最大的報導。我對於可能產生的後果忐忑不安，直到今天想起這件事，我依然覺得既緊張又興奮。」

潔西卡早期冒的險，鼓舞她冒更多險，幾年之後，她離開那份工作，自己創辦一家網路科技刊物，專門刊登深度報導文章與產業獨家新聞：

「離開前一份工作，是因為我渴望製作現在這種產品，對新聞業發揮更大的影響力；我想成為更優秀的記者，以及經營一個舉足輕重的新聞組織。

「這家公司由我百分之百持有，我篤定它會成為現代化的刊物，一份擁有影響力的商業報紙。我嘗試邀請一群人來寫精彩的文章，使這個世界更美好。我熱愛新聞，熱愛置身於團隊之中，熱愛認識人們、與人交往。這就是我想要的生活。」

不畏懼冒險的經驗，幫助潔西卡走出歷史悠久、備受尊崇的機構，對她來說，這筆交易很值得。那麼對於你呢？以下這些故事，能幫助你拓展前程：

- 冒險如何增進你的工作經驗？賽門為了追求事業，從巴黎遷往紐約，但他還沒找到工作。
- 你如何選擇冒哪一個風險？布蘭迪失業又負債，必須在兩種截然不同的工作之中選擇。
- 你如何降低風險的危險性？珍妮準備好放棄一切，與新婚妻子共同推動她們的熱情專案。
- 如果你冒的風險是真正的危險，怎麼辦？羅伯特為了使自己夢寐以求的工作得以成功，不顧他人勸阻，大舉投資別人不看好的項目。
- 如何打造無痛風險？凱文創辦的第一家公司一飛沖天，然後黯然殞落，不過他的第二家新創公司也跟著開幕了。

工作上總是有風險等著你，結果如何無法保證，但是揚升的機會肯定存在。你第一次冒大風險時，絕對已經遠離了自己的舒適圈——搞不好是一腳踩進恐怖圈。當然，有時候風險使你一蹶不振，沒有人希望發生那種事，可是如果你迴避一切風險，就永遠成就不了大事。

想像正處在事業巔峰的你出席會議，高踞於講臺之上，記者追問你：「回顧過去，你最遺憾什麼？如果可以的話，你會給年輕時的自己什麼建議？」你停頓了一下，臉上帶著滿足的微笑說：「我沒有遺憾。我曾告訴自己要多冒一些險，而且我做到了。」

01 玩一個建立人脈的說故事遊戲

去認識很多人。你可以用你覺得有趣的方式包裝自己的經驗，然後琢磨出打動人心的說詞。

賽門性格外向，在家裡八個兄弟姊妹中排行老三。在他的法國老家，所有一流的學生在聲譽斐然的預校中激烈競爭，搶著擠入大學窄門。賽門進了預校，那是他的第一個（小）風險：

「我不比別人笨，可是必須努力再努力，才趕得上別人。入學之後的頭六個月，我心想：大家都比我優秀好多。到了第二年，我的表現還不錯。最後到了畢業考，我把每個人都當成對手，明白自己可以贏得這場比賽。

「我發現如果我想要什麼東西，而且夠努力的話，就一定做得到。你必須了解遊戲規則，相信自己玩得來，也許一開始輸個三、五回合，但還是可能後來居上。」

到了申請商學院的時候，賽門選擇風險較高的三年課程：必須在三個國家上課，還要說三種語言。學生必須說服公司給他們一份工作，以完成課業要求，因此賽門變得善於承擔風險：

「我的實習為期九個月，期間內從早到晚和電腦為伍，實習結束之後，我想做不一樣的事情。我發現有個網站專門幫人招募船員，上面有家公司，想雇人把船從法國行駛到巴西，航程四十天，船上的另一個人與我素昧平生，除了都熱愛航行外，我們別無共通點。

「我母親和女友的母親聽到後嚇壞了，大家認為這是個瘋狂之舉，但其實並沒有那麼嚴重。我們確實遭遇一些困難，但最後還是完成了任務。」

賽門對風險感到很自在，結婚之後，夫妻倆想要搬家，兩人說好誰先找到工作，另一個就跟去。妻子奉派調往紐約時，賽門很高興，便拒絕公司的調職邀請。移居紐約是探索其他產業的好機會，可以展開新鮮的生活。賽門一邊等候工作許可、一邊開始搭建網絡：

「我以前從未到過美國，現在要去發現新世界，我感到很興奮。一切都是嶄新的，什麼都可能發生，而且我熱愛認識新的人。於是，我開始聯繫過去認識的人——商學院的好友、表親、以前工作上的同事。我問他們問題，同時也展現自己，如此一來，人們才會花時間回應你的問題。如果你沒有扎實的見解，別人就比較容易將你的主意拋到腦後。

「我說我正在探聽媒體、運動、娛樂、奢侈品、顧問業、消費產品等領域，但還沒下最終決定。我是刻意這麼說的，因為不曉得這些接觸會得到什麼結果；**我最熟的那十位故交，提供我新的接觸對象或新點子，幫助我營造網絡**。我也因而結識一些金融服務業的人，因為那就是我的老本行，雖然對方提供工作機會，我還是婉拒了。

「進入第二階段，我和朋友介紹的、還不熟的三十個人簡短討論。接著又進入第三階段，這時候我已經明確知道該問哪些問題了。到了這個階段，你的問題可以非常具體，也會得到許多面談的機會。此時，我的人脈已經多達一百位左右，可是我仍然隨時準備結識更多的人。」

最後，一家消費產品公司提供賽門策略相關的職務，對方答應他未來可以轉進行銷部門。過了幾年，賽門已經晉升為全球品牌經理，負責在全球各地推廣新產品。當年的承諾實現了。

人脈從零到一百的方法

賽門一旦**把建立人脈轉變成一場遊戲，就變成有樂趣的事了**。遊戲化讓挑戰感覺起來沒那麼冒險，所以**建議你對朋友練習，描述什麼產業和職務吸引你，以及為何你是合適的人選**。然後鋪一張大網，請第二階段的熟人幫你介紹工作。他們的人脈又成為你的第三階段，隨著逐步進展，你將洞悉自己真正想要的東西。

記得要全力追蹤所有線索、監視進度，包括你認識的人、發的電子郵件、明顯的事實、聯絡人的資料等，因為你不可能記得每件事情。順道一提，這個遊戲挺管用的。如果玩得好，你至少可以找到一份好工作，外加幾段長久的工作關係。所以趕快去玩吧。

02

安定應該是你的目標而非起點

暫時不理會心中恐懼，考慮你的長遠展望。

哪一項機會可以帶給你更多正能量？

布蘭迪的冒險故事，可以追溯到她經營私酒買賣的曾祖父，她的祖父年紀輕輕就死於心臟病，可想而知，布蘭迪的父親情願過比較安全的日子——在州政府財務部門工作。可是，到了五姊妹中排行老大的布蘭迪，血液裡的冒險因子又抬頭了：

「小學五年級時，我看見一群男孩子在欺負一個胖小子，塊頭最大的霸凌者用一顆排球砸他，我覺得很可怕。先前我也同情過那個小胖子，可是從來沒有膽量幫他。那天看見男孩流了鼻血，終於刺激我動手，痛揍那個霸凌者，把他的鼻子打裂了。

「後來我被送進校長辦公室，被迫和他一起吃午餐。校長說：『我認為妳做得對，妳不是為自己動手，而是為了別人挺身而出。』我告訴我媽這件事，她也有同感。從那時候開始，我感到真正的信心，而那些男孩子全都怕死我了。」

後來，**布蘭迪拿到博士學位**，成為藥劑師，先後曾在零售業、郵購公司、安養院工作。她覺得那些工作都很枯燥乏味，所以當最好的朋友建議她，去製藥公司當合約雇員時，她毅然接受。布蘭迪很喜歡這份工作，可惜四個月後，合約就結束了：

「我的主管說：『我們很喜歡妳，覺得妳很棒，可惜沒有職缺給妳。』接下來的一個月，我晚上都哭著睡覺，心想：噢，老天爺，我犯了大錯，本來的工作那麼好，也許我該打電話給他們，請他們讓我回去上班。我丈夫當時還在念法學院，我們也剛在城裡買了一棟房子，真擔心沒錢繳貸款，而且我們都還背著學貸。錢的問題令人害怕，可是回去做先前乏味的工作更可怕！

「我願意卯足全力，找一份我想要的工作。去兩家公司面談之後，第一家提供我全職工作，薪水比較多，真的很不錯，可是我卻覺得和第二家公司的主管比較投緣，他讓我當天就去做一份短期的合約工作。

「第一家公司的感覺像太平間，死氣沉沉，假如我要一份有保障的工作，就應該選擇那裡。可是那樣的決定是基於恐懼，我不想加入無益身心的工作環境，感覺就是不對，我想我已經習慣冒險了。我之所以能夠熬過來，有一部分原因是**傾聽自己的內心**：我想要透過鼓舞他人而獲得成就，使他們的想法產生效益。我要成為有願景的人。」

布蘭迪接受那份沒有長期保障的合約工作，幾個月之後，她轉成正職。如今布蘭迪已經升為該製藥集團的醫務主任，策劃跨部門合作策略——確實是一份有願景的工作。

鐵定「安定」的工作通常附贈負能量

恐懼促使布蘭迪想要找一份穩定、高薪、有保障的工作，可是渴望做有意義的事情，又推著她朝相反的方向走。合約工作顯然在短期內看來比較遜色，但是具有較長遠的展望，因此布蘭迪出於喜愛，選擇了合約工作。

當然，如果是育有幼兒的家庭經濟支柱，大概就會選擇比較安全的工作——不是因為恐懼，而是因為對家人的愛。

如果你只是害怕風險，那就是由恐懼當家做主，此時不妨暫時放下心中的恐懼，考慮你的長遠展望。哪一項機會可以創造更多正能量？接下來可能浮現哪些新的選項？它為你帶來什麼樣的喜悅？在你埋頭往安全保障前進時，先考慮一下這些想法。

03 為夢想擬定一個降低風險的行動方案，而非「等我……」

你這輩子一定要完成的心願有哪些？你要如何測試？規畫一個簡單快速的雛型實驗，藉以限制風險。

珍妮在投資銀行工作兩年後，就決定離職：

「我恨透那份工作，根本無法掌控自己的時間，星期六要工作一整天，星期日早上去教堂，吃完午飯又開始工作到晚上十點。我不喜歡那份工作，它需要極大的專注力，而且重複性高。我的臺灣父母希望我多賺錢，可是為了做那份工作，我幾乎毫無生活可言。我想要在工作上發揮影響力，不然就是透過工作影響世界。所以我休息將近一年，去海外擔任志工。

「當時情況有點嚇人，因為我擔心找不到下一份工作。回來之後我住在家裡，父母說：『快出去！至少設法找件事情做！』在一位朋友的協助下，我寫了一封求職信，然後在這家科技公司找到工作。」

五年過後，珍妮又開始考慮下一個冒險的決定。公司給她一個月的休假，可是珍妮想要休長一點，以便與她的妻子合拍一部影片，探討兩人的同性戀身分。珍妮打算辭職，可是一位知情的友人鼓勵她，不如申請留職停薪：

「我將這段休假定位為熱情專案。世界各地的電影中，經常見到同性戀者身上發生可怕的事情，我們想要呈現帶有希望的故事，因為現實中沒有榜樣（特別是有色人種的榜樣），可以給孩子一個願景，告訴他們可以過什麼樣的生活。

「我們開始訪問本地的同性戀領袖。前後共訪問十二位領袖，這個經驗幫助我想出具體做法：寫部落格文章、拍攝影片、到世界各地旅行，藉此讓同性戀領袖發聲。」

休假一年去拍片，本身就是風險相當高的做法，何況珍妮既沒有錢，也沒有拍攝影片的經驗。儘管如此，這次的經驗鼓舞她對工作與生活要求更高：

「那本來只是一個點子，可是當其他人也支持這個點子時，它就會變得比你原先預期的重要很多。總是有人會告訴你，這是個爛點子、最差勁的點子，你必須置之事外。當你用心去做某件事時，竟然有人說：『你好自私。』那真的很傷人。我想，**對世界做出真正貢獻的人，勢必會讓部分的人失望**。

「我很有福氣。當你問自己：我究竟該做什麼？答案正好就在眼前。對我來說，那就是我的經驗——亞裔美籍的身分，從小接受宗教洗禮，以及之後的出櫃。

「我最害怕的事，是接下來的三十年都在公司裡打滾。我的企圖心尚未消失，依然關心自己的事業，想要領銜擔綱。我太過順從主管，比如開會時我從不在他人對話時發表意見，因為其他人都比我資深。如今我了解自己曉得他們都不懂的事情，因此必須增加自己的膽量。「那就是我很努力想克服的事：我給自己太多束縛，自認只能做到這麼多。其實主管一直都給我機會精進，因此我必須更果斷，明確表達這就是我想要的。」

珍妮果斷的表達心意之後，真的如願領銜擔綱兩次計畫，一次是拍電影，另一次是工作。

「等我……就要……」是最大的風險

珍妮的經驗教導她如何降低風險。追求熱情專案（留職停薪）的風險，比辭去一份好工作的風險小得多，而且珍妮向主管提出申請之前，事先做好專案的設計與測試，更進一步降低風險。那份測試幫助推動計畫，她在休假期間構思願景，希望整合社會影響力，將其轉換成與妻子一起完成的作品。珍妮學到一件事：**最大的風險是等待過久**。

你有什麼夢想？你曾擱置過什麼計畫，是你一直希望能開始的？又該如何測試那項計畫？你可以規畫一個簡單快速的雛型實驗，藉以限制風險，也許會獲得很棒的結果。宇宙可能聽見你的心願。

04 原本夢想多半得放棄，你得擁抱務實夢想

他也心知肚明，假如繼續做自己不想做的事，最終必然以失敗收場。

羅伯特讀中學時成績中下，他爸爸說，羅伯特的哥哥會讀書，而他則有混社會的小聰明。這句話挑起羅伯特的好勝心，成績一躍變成名列前茅。進了大學後，他冒了第一次險，之後自然而然願意承擔更多風險：

「我主修金融，對電視感興趣，不過似乎只能當夢想。我和朋友合寫一齣商業劇本，並在課堂上朗讀，令大家捧腹大笑。我發展了一種風格與聲調，讓我的文章吸引聽眾投入，這給了我信心，相信自己已找到真正擅長的東西。

「由於在學校成功過很多次，我決定冒險闖一闖電視圈。**我想成為專門寫情境喜劇的劇作**

家，還設法進入電視臺實習，這純粹是出於盲目的企圖心。我是個神經兮兮的人，研究過度、準備過度，有著很強烈的好奇心，喜歡把事物拆解來看，然後再想辦法用更好的方式重組。」

事情的發展令人啼笑皆非，五年之後，擔任電視助理的羅伯特十分無聊，覺得毫無前途。他必須再次冒險：

「我已經快三十歲，既沒有成就，也缺少念大學時的信心。經歷又一次的失敗之後，我申請就讀企管碩士，還付了一筆押金。為了賺錢，我在一家小型娛樂公司當臨時雇員。

「三個月後，該公司創辦一個電視管理團隊。我告訴負責人，自己想要經營這個團隊，不行的話我就辭職。我出於恐懼心理才這麼說，我曉得自己有對方需要的東西。我不愛商學院，而這是我的最後一次機會，反正也別無損失。結果他真的給我這份工作，我也就留了下來。」

羅伯特製作的節目在電視上播出幾次，他利用這份戰果進入更大的公司，找到更好的工作，也承擔更大的風險：

「做每一份工作時，我都覺得自己應該再次拔得頭籌。競爭本來就應是文化的一部分，人們習慣生產一樣的東西，不試著去突破極限，這點令我很困擾。自滿的心態總是讓我抓狂。

「有一天，我小時候看的一個節目的製作人，跑來提一個構想，當時我們沒有採用，不過事後我追出去邀他共進午餐。那頓午餐我們聊了好幾個小時，我問他願不願意重拍他當年的第一個節目，他說：『不，那太瘋狂了。不過××怎麼樣？』我們談妥後，他把腳本送來，可是大家都不贊同。

「當時，每個人都在吐槽：『我們絕對不要拍這支試播片。』但我只要認定自己是對的，就一定會奮戰到底，就算炒我魷魚也不在乎。你最好仔細聽我說完細節，不然我真的會很生氣。如果你不了解，就看不到我的願景；假如你聽不到我的意見，那我還有什麼價值可言？

「我把大家找來開會，得到拍攝試播片的許可。會議中從頭到尾衝突不斷，我和主管、主管的頂頭上司、總裁抗爭，有時氣氛相當火爆。可是憑著意志力，我最終搞定了這項計畫，把他們都拉攏過來，大家都變得興致高昂。」

羅伯特全心全意相信這個節目一定會成功，事實證明果然不錯。

原本夢想都得修改才是真夢想

許多產業天生就帶有風險，娛樂事業便是其中之一。羅伯特在那個環境中，為自己的節目奮鬥，承受的風險更高，而他全心全意投入的作風，又進一步刺激他的好勝心和創意。

儘管羅伯特有勇氣承擔大風險，卻也不是毫無懼意。他擔心事情不順利，就像所有人一樣；他也心知肚明，假如繼續做自己不想做的事，最終必然以失敗收場。那使他成為夢想家，而非浪漫派。羅伯特說：「我不相信你從沒放棄過自己的夢想，在某個點上你確實會放棄，但是擁有其他的夢想，則會令你快樂。」不妨稱之為務實夢想吧。全心全意投入你的夢想，然後成為第一名，將第二名遠遠甩在後頭。

05 你當竭盡全力，但保留復原能力

不要對失敗等閒視之，它比任何顯露在外的傷痕更痛苦。再多的糖衣，也無法減輕失敗帶來的疼痛。

凱文的父親是香港商船的船員，而他自己卻是不折不扣的創業家。如今凱文擁有醫學博士、哲學博士學位，促成多筆成功的創業投資交易，是非常搶手的顧問。凱文讀高中時，就（意外）創辦了他的第一家公司：

「我們架設一個電腦遊戲網站，引來很大的流量。有人想給我們幾百萬美元入股，於是我們召開商務會議，然後就拿到錢了。當時我負責經營公司、招聘人員，可是不曉得該往哪個方向走，後來果然以失敗收場。

「公司垮掉時，我必須資遣員工，開除比自己大十歲、十五歲的人，那種感覺很怪異，也很挫折，我想自己不會再搞砸比這個更糟的事了。那次的經驗幫了我一把，把我推向非傳統路線；那正是避險基金的老闆資助我的原因之一，我們建立了關係，更多扇門為我開啟。

「我念高中時，在避險基金工作，我媽不太高興，她要我去念醫學院。之後我管理的基金賺了大錢，我卻離職去上醫學院，我媽反而更難過！」

儘管吃過失敗的苦頭，凱文仍然樂意接受風險。從那次的失敗復原之後，他又有更新、更好的點子：

「我同時攻讀學士學位和碩士學位，開始從事健康照護政策方面的工作，之後我創辦一家醫療設備公司，因為整個健康照護制度績效極度不彰，所以我必須試一試。

「為了打造有價值的產品，我花費很多精力，過程非常挫折——募資和獲利都極為困難。人們以為我做得很順利，其實正好相反，最後是一家和我們經營項目雷同的以色列公司，併購了我們公司。」

風險令人害怕，失敗則讓人痛苦。雖然如此，凱文相信這是值得的，至少他學習到很多：

「當雅虎（Yahoo!）考慮聘請知名工程師梅麗莎．梅爾（Marissa Mayer），擔任執行長一職時，我問我的朋友：『如果有人請你去擔任那個職務，你會去嗎？』我的人生哲學始終是『先做了再說』，無論如何，你會學到非常多東西。

「我最恐懼的事，是一場大風暴會瞬間摧毀所有東西。由於經驗使然，所以我習慣接手很多計畫，那是**我的防禦機制**。我不想看到一切分崩離析，到頭來落到一無所有的下場。大學時，我同時修了八門課，拒絕放棄任何一門，同時還開公司，可惜沒有受到市場青睞。另外，我還陷入一段糟糕的感情中。最後，校方強迫我退掉一門課，否則我一定會被退學。我覺得很沮喪，卻不肯向別人求助。承認自己需要幫忙，是很困難的事。

「基於文化因素，很多亞洲人會把丟臉的事隱藏得很好。除非掩蓋不住了，否則絕不會顯露出脆弱的一面。我腦子裡塞了很多這種事情，深信別人是用特定的方式看待我，所以我無時無刻都在努力，滿足那樣的期望。」

凱文夢想改變健康照護的實施方式，於是再度出擊，加入一家龍頭科技公司，專門推動尖端技術健康照護專案——這是他至今所冒的最大風險。

要為失敗而悲痛

失敗可能有滅頂的感覺。不要對失敗等閒視之，它比任何顯露在外的傷痕更痛苦。再多的糖衣，也無法減輕失敗帶來的疼痛。話雖如此，凱文學習復原，目的是為了再次嘗試。

你可以向朋友求援，以幫助你從失敗中復原，如果你有贊助人，對方也有類似的經驗，不妨向他求助。失敗是真實的損失，如果跳過悲痛的步驟，到頭來你將付出慘痛的代價。時間固然會減輕痛楚，可是若能得到適當的支持，這個過程可以縮短一些。

記住，下一個夢想（值得一試的那種）就在不遠處，你愛上它的機會非常高。

06 如何「下定決心」？這樣做

在職場上，承擔風險是令人陶醉、也是不可少的一部分。選擇一份工作、奉命接下任務、認識新主管、接受調動——與職務有關的每一個抉擇都帶有風險，哪怕是穩定的公司也不例外。我不是指孤注一擲的冒險，那種風險會讓公司陷入險境，或讓你的生活朝不保夕。有些人會錯判形勢，唯有倖存者才能夠春風得意。

你可以在自殺式的追求刺激，和百分之百安全之間，尋找讓自己開心的中間值。採取循序漸進的步驟，建立承擔風險的能力。潔西卡學習先在一份體面、穩定的工作上冒一些風險，然後再跳到下一份工作；賽門學會將風險轉化為遊戲；布蘭迪利用以愛為基礎的原則，接受更多風險；珍妮靠休長假來降低風險；羅伯特了解全力投入，比半途而廢的風險低；凱文憑藉參與更多專案，來容忍較高的失敗率。

不論你的起點是什麼，隨著經驗越來越多，你將對風險感到越來越自在。請考慮下面的四項建議：

「學會做決定」

努力認識對你真正重要的事，如果能找到同事或朋友來當教練，他們會鞭策你掙脫懶惰的想法，以及理所當然的答案：

一、找到勇氣。回顧過去自己表現出色的經驗，從頭開始仔細分析你的實力。也許是你認為不可能達到的成就，或是別人不相信你做得到的事，可是你全力以赴，事後為自己感到光榮，也對自己的價值產生信心。注意你在這方面如何感受到更多勇氣，就拿這個基礎下決定。

二、釐清你想要的東西。萬丈高樓平地起，你不可能同時面面俱到，所以先在這張清單中，選擇對你最重要的東西：金錢、聲望、彈性、工時、旅行（或宅在家裡）、學習、多元化、好同事、創新與創意、培養技能、影響力……。從清單中先選定兩樣，再**從中挑出你最重視的一項**。你可以反覆權衡，直到確認你不願放棄的最重要項目為止。舉例來說，彈性可能比金錢優先，可是學習又可能勝於彈性；如果目前你最想要的是增加學習，那麼你現在的職位，能提供更多學習機會嗎？

三、開始塑造你的目標。你追尋什麼？不必嚴守政治正確的原則，這個**目標也不必永久不**

變，更不須昭告世人。你的目標**只要夠大，能夠激發你的信念與勇氣**就行。如果你仍然毫無頭緒，不妨找朋友來幫你一起做夢，也可以打聽別人的夢想。你可以先宣示某個目標，藉此邁出第一步，即使自己還不怎麼確定也沒關係。

四、想像未來。從現在算起，**你希望三年後能達到什麼成就**？那項使命將創造什麼新的選項？假如你的職務屆時真的符合你的希望，那會有什麼可能性？還有別的嗎？繼續問自己，直到想像中的未來優勢大爆發，變成無窮無盡的可能性為止。現在可不是務實的時候（也不是將格局縮小的時候）。

五、與目前的劣勢比較。想像你**停留在目前的職務上**，這份工作能成為未來的墊腳石嗎？**未來三年會發生什麼事**？你的第一個念頭可能是：我避開了風險，真是鬆了一口氣。繼續想像，如果你感覺刺激或興致勃勃，那就想得更仔細一點，萬一你產生相反的感覺——枯燥、沮喪、沉悶，那麼你會怎麼做？比較新挑戰的優勢和保持不動的劣勢，再想一想，帶有風險的那項決定，現在看來如何？

六、出手前最後的檢查。想像最糟的情況，把朋友找來、蒐集各式各樣的觀點，對他們描述你尚未確認的決定，然後請每個人提供最糟糕的情況，也就是會讓人做惡夢的情境。這些情況必須符合兩項標準：讓你睡不著，以及至少有百分之一的發生機會（不許列舉火星人入侵地球），然後你要決定如何減輕每項風險。

七、確認你的決定。假設你勇往直前，也經過反覆思量，那就再花一點時間沉澱一下。想像你的決定可能發揮什麼作用，這是你精心考量風險的最後機會了。

向自己和朋友說出決定

有時候，你要冒的風險感覺上非常大膽妄為，為了堅持下去，你應該篤定的向朋友宣示這項決定：

一、向自己宣示決定。如果你決心高空跳傘，可是升到三千六百公尺時，卻嚇得無法動彈，那就坐回去，暫時不要跳了。等過了幾個月，再回頭檢視那項決定，重新跑一次程序。你可能還有第二次機會，萬一真的錯過機會，這次風險歷程的教訓，將會幫助你在下次做好決定之後，毅然跳下去。

如果你已經決定現在就跳下去，那麼：

● 破釜沉舟。毫無疑問，不管你準備得多充分，仍然有失敗的可能。假如總是有退路，你就不會全心全意投入。因此，你必須**把向前看當作唯一選項**。

- 選擇成長心態。**如果你要的是追求完美，那無異是已經開始扯自己後腿了**；如果你追求的是積極影響力，那你很可能已經有些影響力了；如果你追求的是成長，不論這次的決定如何發展，你都已經成長了。
- 立志天天學習。立定志向能幫助你專注於重要的事情，使你每天依然能集中心力——不論是在混亂的會議上，或是在辛苦的一週結束時。

二、昭告你的朋友。為這趟旅程蒐集一些支持和忠告，不過要謹慎考慮你尋求支援的對象，以及你對他們所說的話。你不會希望事事抱持否定意見的人，耗損你的精力，也不希望透露太多細節，但是你確實需要宣示清楚自己的意圖。

下定決心

你將要登上跳傘專機，為了成就這趟非凡旅程，你可以做幾件事，首先要打包行李：

一、出發前就開始。正式動手之前，盡可能學習每件事。在你離開現在這份工作之前，先在學習曲線往上攀爬。如果已經準備充分，等到真正動手時，你會覺得自己隨時都能開始了。

二、盡可能認識每個人。認識新人的最佳機會，是在你跳下去之前，因為你有更多開口詢問的餘地。認真拓展人脈，你永遠不知道誰將成為你的盟友、職場導師或贊助人，所以對待別人時切勿評斷，而且要尊敬對方。

三、爭取支援。踏進未知領域會挑起恐懼，不妨找一位夥伴、死黨或後援團體，讓你必要時能依靠一下。沒有人說你必須獨自完成這一切。

做或不做

沒有「試試看」這種事！不是動手去做，就是拋開不管。如果你已經做好決定，但仍然遲遲沒有動作，那就停下來思考，讓你屈服於恐懼而放棄的因素：

一、直搗問題核心。有時候，直接指出阻止你採取行動的恐懼，反而能消除它的作用。如果這還不夠，乾脆寫一封信給你的恐懼，不然就提醒自己，當你邁步向前走時，務必拋開恐懼。如果恐懼癱瘓你的行動，請尋求專業協助，藉此獲得應有的支持。

二、自省。如果你非常想跳傘，但從來沒有嘗試過，那麼（再一次）從事這項冒險的感覺如何？你有多少次坐在場邊，眼睜睜看著別人做你一直想做的事？把你的內在教練召喚出來，協助你跳離安全的機艙。

三、重新啟動。假如你改變主意，那就回頭想想那個基本問題：為什麼我想做這件事？記住最先激勵你的是什麼，別人講了些什麼、你的感受又是什麼。重新追尋你的邏輯，檢視自己現在的感覺。如果當時那些激勵因素和條件依然存在，你曉得該怎麼做。

四、別忘了呼吸，好好享受。大家常常忘記這一部分。現在你已經正式踏上歷險之旅，太讓人興奮了！

最糟糕的情況會是什麼？通常真正會發生的事，駭人程度遠小於我們預先的想像[1]。你可能失敗，失敗令人痛苦；你會有一陣子情緒不佳，比如感到難堪之類的。復原不是易事，可是最終你仍然會恢復原狀。

狄奧多．羅斯福（Theodore Roosevelt Jr.）[2]擁有鼓舞人們成大功、立大業的天賦，如果你需要一些靈感，可以參考他於一九一〇年發表的演說《民主國家的公民權》（*Citizenship in a Republic*），請閱讀以下這段摘要：

「榮耀不歸於批評者。有人指責落難勇士，指責做好事的人為什麼不做得更好，而榮耀不會歸於這些指責者。榮耀屬於站在競技場上的勇者。他們臉上的汗水混著塵土，血跡斑斑；他們勇敢奮戰，有時會犯錯，甚至一錯再錯；可是他們知道必須奮戰不懈、必須全力以赴，贏取最後的勝利。他們當然也明白可能落敗，但如果那是一種奮鬥到底之後的宿命，那麼雖敗猶榮。這種精神，跟冷漠、膽怯的靈魂，完全不屬於同一個國度。只懂得指責的人，不會了解什麼是勝利，什麼叫挫敗。」

切記，短暫的失敗不會永遠持續下去（正如短暫的成功也不可能長久）。休息一下，然後振作起來，重新整備，回到那個場子去，做出一番成就來。

1 參考丹尼爾．吉伯特（Daniel Gilbert）的著作《快樂為什麼不幸福？》（*Stumbling on Happiness*），書中闡述許多人們為何做出壞決定的相關研究。

2 為美國前總統，人稱老羅斯福。

第十章

一生必有幾次當英雄的機會，多數人會放過

有時候回首來時路，你心裡會想：「我不曉得當時為什麼會那樣做，現在回想起來，還滿驚人的，簡直是最棒的奇蹟！」你以為不可能發生那樣的事，可是心中波潮洶湧，你曉得自己將會出手。你奉派負責一件成功率極低的任務，在組織中挑起大梁，並改變組織的某一方面。這件事究竟是怎麼發生的，依然是個謎團，不過你的英勇行為令人難以置信——與其說你是英雄，不如說更像傻瓜。

以夏儂為例。她從十七歲起就自力更生。有一天，她再次與父親激烈爭吵後，在深夜離家出走。夏儂將母親和雙胞胎妹妹一起帶走，寄居在友人家中，之後找到一份工作養活她們。

夏儂就是這樣養成了面對困難挑戰、事後絕不後悔的個性。她在一家龍頭製藥公司，找到一份數位行銷的工作，一年之後就碰上這樣的事情：

「我以硬碰硬的方式擔負起這項計畫！先前有十個人做過這項計畫，結果不是被炒魷魚，就是獲得升遷。那支團隊已經解散，如今他們想要招募新成員。除了一些外部支援之外，我大都是獨力作業。

「我們必須更有創意，於是我告訴其他成員，要麼做出一番大成就，要麼就打包回家。這話一說出來，有些人感到不自在，可是我做事不喜歡墨守成規，甘願冒較大的風險：要做就要做到好，否則就算失敗。從策略上來說，我覺得如果只是漫不經心的敷衍了事，結果就是一事無成。我們必須迎頭趕上，所以我鞭策大家超越極限。」

夏儂集結十個人的力量，衝出別人做不到的成績，將那一項數位行銷計畫，變成極為出色的成功案例：

「那是徹徹底底的地獄，可是我就是死不放手，即使感覺成不了事也一樣。我徹夜趕工，不肯留下任何瑕疵。你想要帶著所有成員往前衝，但也必須把事情做好才行。我必須應付別人的期待和辦公室政治，那是個高壓環境，但我利用比較小的風險，慢慢將他們拉攏過來。舉個例子，我聘用一家與以往作風截然不同的創意公司。

「我鬥志高昂，只要一出現成就某事的機會，就要百分之百掌握。高階主管認為我既有能力，也可以信賴，便將計畫完全交由我一人執行。」

夏儂對執行長提交計畫，《紐約時報》還為此寫了一篇報導。兩個月後，她獲得升遷。下文將敘述五則與夏儂類似的英雄故事，它們展現主人翁對任務表現出堅毅、勇氣與信念，希望這些故事能夠說服你，因為化身超級英雄的挑戰，確實值得一試：

- 怎樣成為英雄？大衛出生於偏遠小島，最終在紐約落腳，並找到以前只敢夢想的職業。
- 當你擔綱領導時，會發生什麼事？艾莉珊卓發現不可告人的祕密，可是全公司只有她有勇氣去解決。
- 當你面對工作與生活的雙重威脅時，該怎麼辦？伊莉莎白有兩大痛苦：神祕的腎臟疾病，以及她稱之為「惡魔化身」的主管。
- 你如何採取不容退讓的立場？山姆手上有項激進的市場策略，他克服整個組織的反抗。

● 當你與內心的超級壞蛋戰鬥時，會發生什麼事？詹姆斯剛體會到無與倫比的成功滋味，可是恐懼卻冒出頭來，要摧毀他努力的成果。

超級英雄全力接納風險，他們多半從早年就有冒險犯難的精神，並對嶄新事物產生興趣，也在危機中闊步前行，而他們得到的回報，都是職場上所能獲得的最高報酬。

在某些方面，超級英雄與我們凡人並無不同。你想要缺乏風險或挑戰的工作（那很快就過時了）嗎？你對穩定的欲望勝於其他（那種日子已經不存在了）嗎？即使你寧願待在安逸區裡混日子，總有一天也必須變成超級英雄。當那一天來臨，你得準備好。

01 當英雄，意思是過程不會順利

超級英雄的旅程和最終的具體成就關係不大，而是在於旅途中如何面對各種障礙；不過超級英雄的試煉，本質上就是不可能達成的任務。

大衛誕生於南韓的濟州島，五歲時被美國愛荷華州的摩門教家庭領養，給了他一個新的開始。然而對他來說，這裡似乎事事都需要奮力掙扎：

「養父母告訴我，我有天分、有能力，可是我表現得不好，在眾人中總是顯得平庸。生活中最挫折的部分，是我無法發揮潛能。

「後來我被診斷罹患注意力缺失症（Attention Deficit Disorder，縮寫為ADD），所以我終於知道這股挫折叫什麼了。之後我開始服藥，藥物既是詛咒，也是恩賜。它給予我能力，使我能專注於自己熱衷的東西。」

即使在那個時候，大衛也面臨如山的障礙：輟學後完成大學學業、找工作，從資訊科技轉行從事網路開發。拜勤勉工作和機緣之賜，他進入一家頂尖的金融公司，從事先驅性的系統開發專案，這是他碰到過的最大挑戰：

「我心裡很恐懼，不知道自己能否勝任。我以前都在小公司上班，從未接觸過專業社群，對於能否與他人競爭，我心裡滿懷恐懼。過去的教育，並未培育我成為一流的程式開發人員，因此我必須盡快趕上別人。每天上班通勤的時間，我都用來苦讀數學、電腦科學以及演算法的教科書。

「我很愛表達意見，一有什麼想法，就會立刻說出來。我們當時正在和一個軟體模組纏鬥，想藉此迅速處理大量數據。因為多出短短幾秒鐘的運算，成本就可能大幅飆升，於是我想出一套運算法，雖然有點複雜，但是效率非常好。

「同事聽取我的說明，開始討論我提的點子，也相當敬重我，使得我信心大增。接觸各種年齡與背景的人，使我克服恐懼，明白原來自己不比別人差，也能夠挑戰和協助經驗比自己多兩、三倍的工程師。」

大衛開始一飛沖天，他負責公司投資的一項新專案，目標是日後獨立成為子公司。這項專案的格局，超越大衛過去所有的想像，他們的宗旨是打垮現有的競爭對手：

「我們飛快成長，一開始只有四個人，如今已經延攬兩百位軟體開發工程師。我們能夠探索、學習、進步，真是讓人興奮。

「這絕對是我做過最複雜的專案，寫成的程式碼多達數十萬行。我明白自己不僅有競爭力，而且超越了許多同儕。我是相當厲害的解決問題高手，特別擅長識別型態，此外，我也能抽象思考。我想要贏得尊敬，被視為有能力的人。」

大衛是擁有強烈自我意識，卻又待人謙遜的英雄，他克服所有考驗，一路升到副總裁。

任務簡單就輪不到你了

大衛並不是一開始就打算當個超級英雄，沒有人能未卜先知，提前曉得這趟旅途將會帶著他走向何方。所以如果任何人告訴你「這事情絕對不會成功」，千萬別相信他。

超級英雄的旅程和具體成就關係不大，而是在於旅途中如何面對各種障礙。你將需要超凡的才華與實力，以及旺盛的企圖心、好奇心、創造力。此外，還需要不屈不撓的韌性。換句話說，你需要非常多的勇氣。

上面說的這些，大衛全都有，而且不止於此。每一次的挑戰都能幫助他，面對內心深處覺得自己不夠優秀的恐懼，更進一步教導他如何運用自己的力量。英雄的旅程向來曲折蜿蜒，這正是箇中原因。中途停頓並非被迫改道，而是成長的必要元素。

02 遇到上層頑強抵制，怎麼辦？

艾莉珊卓沒有料到，公司領導人竟然會強烈反對，
可是她靠著拉攏更多人參與自己的理想變革，順利克服挑戰。

艾莉珊卓在義大利拿坡里長大，十分有進取心，雖然父母都從事醫療業，可是她另有志向。艾莉珊卓先後待過三家公司，到了第四家才終於找到自己尋覓多時的目標：

「我進入一家顧問公司學習一般管理，決定接下來要嘗試消費性產品。可是一旦完成銷售目標後，公司就不再給新的挑戰。於是，我離職加入另一家顧問公司，等到快要滿三十歲時，我才明白公司根本不打算培養女性領導人，這就是我跳槽來這裡的原因。一夕之間進入步調緩慢、又是製造業的工作環境，這個巨變令我感到非常震撼，可是我還是投入大量精力，兩年後獲得晉升，三年之後入選這項領袖計畫。」

有企圖心又全心投入的艾莉珊卓，為自己的信念打拚，即使孤軍奮鬥也不退卻：

「我發現有一條產品線的成本結構比不上競爭者，而且有三〇%的落差，便認為轉折的時機已到。我把高我兩階的領導人都找來開會，提出我的分析，並建議應該怎麼做，以及這麼做的理由。這是公司有史以來，第一次有人坦率挑明問題。一般來說，這個團體非常喜歡表達意見，可是這次大家都沉默不語，感覺我在挑撥一個小組去對抗另一個小組。

「事後，我挺信任的一位領導人，把我叫進他的辦公室，他說：『妳必須改變溝通的方式。妳還年輕，他們擁有非常豐富的專業知識，妳不應該指使別人做什麼。』我覺得像挨了一記悶棍，對於領導團隊失去信心，不知道他們能完成什麼樣的工作。領導人顯然不想採取行動，老是找藉口，不曉得為什麼，他們不想打破組織內的派系。

「接下來的兩個星期，我被趕到角落，上班變成討厭的事。有些人**因為我的溝通方式與企圖心而抵制我**，我為此感到傷心和生氣。我的夢想是在重視創新與團隊合作的地方工作，然而現在這個夢想卻開始分崩離析。

「儘管如此，我依然持續往下挖，在討論時拉攏更多人。就這樣，我掀起了一波大浪，**每次有人挑戰我，我就回去增進事實基礎**，久而久之，我的議案越發完善，而參與的人也越來越多。這件提案變成我的個人使命。全球執行長不斷詢問這份分析，由於我的主管不在，我只好出面向他報告。最後執行長重提這項議案，出手推動改革。」

他也推薦艾莉珊卓，參加公司的全球總經理計畫，艾莉珊卓成了真正的超級英雄。別人雖然也看到問題，可是只有她成功解決這個問題。

別當孤獨英雄

艾莉珊卓沒有料到，公司領導人竟然會強烈反對，可是她拉攏更多人參與變革，因此順利克服挑戰。每一個新冒出來的意見都加強她的論點，最終吸引了執行長的注意。

假如全球執行長沒有出面干預，艾莉珊卓大概就被消音或忽視了，這個誰也說不準。然而艾莉珊卓毫不計較，她曉得組織是由不同派系和小團體組成，**雖然協調合作會減緩進度，卻能創造大家的參與感**。規模確實很重要，如果孤身一人，就只是個異議分子，可是一群人的話，就能成為變革的生力軍。

艾莉珊卓的勇氣，來自於追求改善的使命，她對我說：「我想要知道，這個世代是否有辦法，比以前更快速的推動改革。有沒有一條河能匯集我們所有人，全部朝同一個方向奔去？」有時候我們需要一個資淺的女性、一個大無畏的公民，披上超級英雄的大衣，去做正確的事情。

03 反抗職場霸凌

感到害怕、無助、尊嚴掃地時，
你可以等待超級英雄來拯救你，也可以自己化身為超級英雄。

伊莉莎白的生活中少不了旅行，她很幸運，因為經常旅行幫助她擁抱歧異與接受改變：

「我從很小就開始旅行。父親受邀返回中國工作，在廣州待了三年。我們幾個孩子與母親留在俄亥俄州，但偶爾會造訪中國。十五歲那年，我自己一個人搭機前往加拿大。後來我去愛爾蘭上大學，也獨自跑去厄瓜多擔任救世軍（Salvation Army）志工。

「旅行培養了我的好奇心，得到越多就越感到不足。不管是認識陌生人，或是與人隨興交談，都令我很自在。」

所以當生活與工作雙雙出現問題時，伊莉莎白早有準備。當時一家產品公司邀請全國七個畢業生，參加一項輪調計畫，伊莉莎白選擇去自己從未造訪的城市，因此當她染上重病時，沒有人陪在她身旁。接下來的幾年，伊莉莎白為了自己的生命奮戰：

「蛋白質不斷從我的尿液排出，沒有人知道該怎麼阻止。醫生拿我當白老鼠實驗，投給的藥物多到我無法分辨。我進進出出醫院急診室，可是沒有人曉得我究竟如何染上這場重病。

「電影《刺激一九九五》（*The Shawshank Redemption*）裡有一個角色說：『我想人生可以總結為一個簡單的抉擇：看是要忙著活著，還是要忙著死去。』（I guess it comes down to a simple choice, really. Get busy living, or get busy dying.）我的體力差到沒法子從沙發上站起來，可是我仍然在呼吸，知道自己還能夠微笑。也許一個眨眼，我就溘然長逝了。」

但伊莉莎白依然繼續上班，在客戶業務小組工作，那個小組領導人依然長期霸凌同事：

「她是『惡魔化身』（The Devil Incarnate）！我剛剛被診斷罹病，必須去看醫生，她竟然說：『好吧，這剛好是我們一年裡最忙的時間，可是如果妳非去不可，那就去吧！』我備受打擊、有罪惡感，因為傳統亞洲家庭的教育，一向很重視勤勉工作。

「當時我也還年輕，犯了不少錯誤，她一個也沒放過、一一挑出來批評，還把我叫進辦公室、甩上門，然後把我的文件凌空一扔，說：『這是什麼狗屁？』我的眼睛只不過往下看了一秒鐘，她就在我面前彈指，說：『看著我！』我離開她的辦公室後，悄悄躲進櫃子後面哭了起來。

「第二天，她用電子郵件傳給我一張待辦事項，然後一直站在旁邊監視。我覺得渺小、困頓，被人剝奪尊嚴的感覺好可怕，她對待我的方式，彷彿我不值得被當作人類看待。我必須每天提醒自己：妳還活著，妳的態度由妳選擇。當別人的面目如此醜惡時，妳就知道該有點骨氣了。

「後來我告訴母親這件事，她說：『她怎麼可以這樣？好大的膽子！』小組裡的其他成員沒有找人力資源部門出面，因為他們擔心遭到主管報復。但我不怕，於是向我們辦公室的一位高階主管報告此事，結果人力資源部門的負責人衝進來，開除了那位霸凌者。」

伊莉莎白的病慢慢好了起來，她找到一份新工作，開始長期規畫，甚至比以往更大膽。

這是一份工作，不是全部人生

伊莉莎白保留實力，一邊對抗重症、一邊挺身面對霸凌者。這正是超級英雄的作為。每個人遲早都會在職場面臨深具威脅的挑戰，負面事件就可能激發這樣的挑戰：管理階層下達裁員令，你就只能捲鋪蓋走人。感到害怕、無助、尊嚴掃地時，你可以等待超級英雄來拯救你，也可以自己化身為超級英雄。

04 方向對了，計畫錯了無妨

一旦相信那是正確當為之事，就情願為它而戰。為了克服眼前的重重障礙，要樂意修改計畫。

山姆從小在澳洲長大，目睹父親從銀行出納員成為金融企業家，從家境貧困到萬貫家財。山姆熱愛冒險，包括高空彈跳在內，這使得他更喜愛風險：

「我喜愛划獨木舟，從山澗順流而下，那是探索自然和考驗自己的絕佳方式。我有兩次差點遇難，還有一次因為無法逃出瀑布而斷了一條腿。面對生死一瞬間的經驗，讓我對工作有更中肯的看法。工作不會威脅生命，但遭遇過死亡危機的人，比較擅長應付壓力，也有較強烈的自信。

「我向來欣賞那些翻轉逆境、險中求勝的人。父親幫助我了解一件事：當會議室中別人都相互贊同，唯獨不同意你的意見時——你依然可能是對的。你的主意需要在真實世界中通過測試，卻不見得會在董事會上過關。」

山姆服務的消費產品公司，要求他帶領一支新的創新團隊時，他果斷接下任務：

「我的新主管說，我好像對搞定這些事情很在行。現在我曉得了，公司領導人根本不曉得他們想要什麼，這是個重要的全球性事業，規模很大卻利潤微薄，它正處在惡性循環中，而且快速邊緣化。由於情勢太過險峻，什麼改變都無法力挽狂瀾，一定要使出激進的辦法。

「說起來可能有點自大，可是從我第一天上班開始，就已經很清楚該有什麼樣的願景與策略。我冒了很大的風險，可是我能夠剷除所有障礙。說來奇怪，面對一個我真正相信的挑戰，這樣想居然非常具有激勵作用。天生反骨的我，找到了一個正面的目標。

「**我與組織對抗了十八個月左右**，從管理階層總算鬆口答應，到沒有任何人再出言阻撓，這當中我們費了很多功夫。我知道自己是對的，就算必須穿越險阻才能達到彼端，我也會咬牙做到；即使需要拽著整個組織往前走也在所不惜，但那樣做真是令人精疲力竭。」

在下面三個階層通通核可之後，一位高層主管終於批准新的策略。接著山姆轉向下一份任務，以及隨之而來的更多障礙：

「我將計畫呈交高階團隊，可是他們看不出我為什麼要提這份計畫，我感到很失望，自覺呈上去的是自己的寶貝。於是，我開始把焦點放在其他需要更多責任的地方，結果發現一項與眾不同的挑戰，但是解決對策與先前很類似。

「新團隊也表達與先前一模一樣的憂慮，令我覺得這個組織彷彿什麼也沒有學到。如果你在房間裡湊足人數，就會得出很蠢的結果。我學習到如果打算做一些犧牲，務必先確認那是你真正珍惜的目標。人們永遠不會說你對而他們錯，這可不是童話結局。

「六個月後，我到紐約從事全球行銷方面的新職務，想要把重心放在尋找和克服挑戰，而不只甘於做機器上的小螺絲。我想要自主工作，將時間百分之百用來對抗危機。」

山姆的英雄策略大幅改善公司的利潤，職位也不斷往上升，每一階層只花不到兩年的時間，就又往上攀升了。

對的事情，需要容許出錯的計畫

對組織發揮巨大影響力是極為刺激的事，山姆從自身經驗學到這一點。一旦相信那是正確當為之事，就情願為它而戰；**為了克服眼前的重重障礙，要樂意修改計畫**。山姆的忠告是：「只要方向正確，不論你有什麼樣的計畫都無所謂，只是切勿死抱著計畫不放。」

與長年慣性和力抗改革的心態搏鬥，確實必須付出代價。山姆從事高強度體力挑戰（比如攀岩），從而鍛鍊出堅忍的毅力，以及復原的能耐。他說：「每個人容納挫折的程度是有限的，你每個星期都要清空這些挫折，然後從頭來過。」

判斷誰是超級英雄，最準確的跡象是他最重視一樣東西：不受制於人的自主性。山姆把自主能力看得比什麼都重要，但他更期待下一場刺激的局面。

05 用愛心彌補自己的性格陰暗面

愛心是詹姆斯的力量來源。改善現狀的希望源自於愛心；對未來抱持樂觀心態，同樣來自於愛心。

詹姆斯遭到雙親遺棄，差點走上自暴自棄的路：

「小學畢業以前，父親就離開了我的生活，母親罹患精神疾病，還有藥物成癮的問題。有一天，外婆跟我說母親離開了勒戒所，但是沒有回家。以前母親總是支持我的夢想，我會對她說：『媽媽，我想當消防隊員。』她就會說：『寶貝，那太棒了。』無論如何，她總是支持著我。

「從此之後，我再也不相信夢想了。當我打算放棄的時候，不知道從哪裡冒出來的人們，會跑來對我說：『我們能幫什麼忙？』他們將我從無助中解救出來，幫我認清使我悲痛的損失與困境。我很早就明白，幫助一個惶恐、孤單的孩子，用不著奇蹟。」

詹姆斯的履歷表堪稱完美，他接受首屈一指的教育，在法律界、銀行、政治圈實習，還有很好的工作。或許是不平凡的生活經驗使他脫離「正軌」，開辦一個以使命為基礎的新創事業：

「有權有勢的人都認為這個主意要不得，我們卻認為這是個絕佳的點子。如果有夠多人說你是瘋子，你很可能已經歪打正著了。我們自掏腰包，在蒙大拿州的牧牛場上露營，詢問當地商人能否提供協助。當時他們正在設法讓社區變得更好，而我相信我有比自我肯定更遠大的理想。」

詹姆斯從商學院畢業之後，當年的傷痛再度浮現，內心的惡魔想要摧毀他辛苦建立的一切：

「新創公司發展順利，我代表畢業生致詞，還登上雜誌封面。然而，我深知自己的性格，除了痛苦、創傷，還有欠缺寬恕、恐懼、脆弱等忽視已久的問題。沒想到之後我的個人問題竟然嚴重影響到組織，令我感到十分震驚。這是第一次被迫面對這些問題，我明白必須認真正視它，幫助公司成功，以及處理我個人的過去。

「這是我生命中最糟的歲月，卻也是最重要的一段。我無法逃避，已經沒有另一份工作或學校可以庇護，也不能掉頭回家。這才是真實的人生，也是我渴望的人生。」

詹姆斯一頭栽進去，為了拯救自己與公司，他向朋友求援，也對上帝禱告：

「我看出自己的手足無措，多半是因為恐懼，這大概與自我價值有關。親近的朋友說：『你還好嗎？』我不敢坦白，然後他們又說：『我與你同在，你不是一個人。』於是我了解自己並不孤單。大家都是一步一步走過相同的心路歷程。

「夜裡我曾渾身冒冷汗醒過來，**將自己害怕的每樣東西都寫下來**。透過書寫，這些恐懼變得沒那麼可怕。然後我開始小心翼翼的去應付恐懼，去愛。愛是一種練習，愛自己也是練習。

> 「如果你瀕臨死亡，履歷表上那些豐功偉業，很快就變得無關緊要。假如今天我死了，會想要別人怎樣評斷我？此刻我為什麼置身此地，並沒有道理可言，每天我都過得戰戰兢兢，這輩子永遠擺脫不了恐懼，說自己不害怕的人，絕對是在說謊。」

詹姆斯面對的試煉，使他準備好接受挑戰、化身超級英雄。四年多來，他創辦的公司業務欣欣向榮，他自己也過得很不錯。

好人個性也有陰暗面

面對內心的超級壞蛋（童年創傷、成年恐懼）時，詹姆斯開始拆解「致命」有什麼模式。宗教幫助他、好朋友支持他、愛心則拯救了他。詹姆斯在幫助別人時，最喜歡問的問題是：「如果不害怕，你會怎麼做？」勇氣就是雖然心中害怕，依然放手去做的能力。

愛心是詹姆斯的力量來源。改善現狀的希望源自於愛心，對未來抱持樂觀心態，同樣來自於愛心。詹姆斯拯救了自己，但他的使命並不僅止於個人——他要鼓舞下一代企業，改變美國的前途。

06 沒有誰注定英雄命，都是有步驟的

你可能還沒準備好要當超級英雄，然而你的使命極其重要，身後也沒有退路。你決定往前邁進，面對恐懼，堅強備戰。堅信目標的你絕不停止，過去隱藏的資源，如今一一派上用場。你偕同團隊，達到眾人皆以為不可能的成就。

超級英雄都曾有這樣的經驗：得忍受長時間工作、無窮的壓力、超額的努力。然而大多數擁有頂尖成就的人，都樂意接受這樣的考驗，那將是他們日後對同事、朋友、伴侶、孩子津津樂道的故事。

本章所描述的這些主人翁，都是接受挑戰、化身超級英雄的凡夫俗子。夏儂本來可以避開任務，可是她選擇毅然挑起責任；大衛挑戰自我，發明合宜的解決對策；艾莉珊卓挑戰她的領導團隊；伊莉莎白對付辦公室的霸凌者；山姆領導組織轉型；詹姆斯正面迎擊的是愛與恐懼、善與惡的戰鬥。真了不起！化身超級英雄的挑戰，難度遠勝過其他挑戰。以下這些建議會幫助你降低難度：

什麼是你非做不可的事？

使命的目的可能清晰明瞭，也可能隱匿無蹤；你可能曉得它的存在，但是不相信；可能相信，但是覺得沒有準備好。睜大眼睛評估情勢，這項使命需要你徹底投入，才可能成功：

一、評估任務。從以下三方面來測試。

- 探索它的意義來源。它是你應該為公司或社群做的事嗎？它是你與優秀的人並肩合作的機會嗎？它是你加速發展的方法嗎？上面這些只要有一個是肯定的，就足以說服你迎接挑戰。
- 進行能量測試。你是否想也不想就接受這項挑戰，因為很渴望？或者只要一想到應該做這件事，就忍不住憂心忡忡？你一定要有「非做不可」的理由，**假如一想起這項任務，就令你心跳加速，那就是好兆頭**。
- 評估合適程度。你的背景、工作經驗、領導風格、個性可能使你成為理想人選，假如不是出於自誇，**你特別適合接受這項挑戰嗎**？抑或這是人人都能做的事？萬一你只是路人甲，那麼另外兩項測試必須是肯定的答案，這樣你才能度過最艱險的難關。

二、評估自己。超級英雄或許是兼職工作，可是一旦去做了，就必須心無旁騖。這是必要條件，所以**你要衡量自己的投入程度，其實只能大於或等於百分之百**。

- 估量你的能耐。**做好準備，面對高能見度、高風險、步調快速的生活**。假如你比較喜歡工作與生活處於平衡狀態，那就要有點警覺，別再奢望平衡，設法擴充你的能耐吧。
- 評估你的樂觀程度。這需要你全心相信，自己的所作所為是對的，不用考慮各種未知因素。喜歡疑神疑鬼的人會問你一些問題，挑起你心中的疑慮。你將需要信念，找到方法克服那些障礙，以求達成目標。
- 建立你的支援基礎。超級英雄的團隊裡需要幾個好手，同樣的，你也該找到一些相信使命、相信你，而且擁有地利之便的支持者。

當英雄的人，通常得……

你即將接受比你個人更重要的挑戰，需要一些你尚未擁有的能耐。這不是從飛機上往下跳，而是奔向外太空。

一、相信使命。**當你確實動手去做時，別人比較可能相信你**。這正是領導的重點所在，你絕對不能妥協。你有機會宣示願景，但是也必須全心全意相信它，這樣別人才會覺得跟隨你是安全的。

二、抗壓自持。**務必確認正在努力的工作是真正重要的，只要以它為優先，它就不會壓垮你**。另外，請照顧好自己，健康是現在這份工作的必要條件。

三、習慣犯錯與迅速復原。擔起這麼複雜的一項計畫，犯錯勢不可免，所以你要好好琢磨如何道歉、修補、繼續前進。找一位比你資深數年的教練，而且對方沒有陷在制度框架中、頑固而不知變通。教練能幫助你，順利應付有益但也醜陋的辦公室政治。

四、向每個人學習。人們將會評斷你，還會提供各式各樣的忠告。你應該好好傾聽，但是大可不必遵守每一條規矩。當你為自己的使命效力時，一定會讓某些人失望。

五、認可別人的經驗。站在別人的立場思考，而且當個真正的好聽眾。另外，你也要花時間建立團隊。如果發現和大夥兒共同努力的事情有意義，人們就會表現得更出色。

●假設對方懷有善意。大多時候，人們不會故意刁難你。如果你真心誠意幫助對方、尊敬對方，他們也會投桃報李。其他人可能必須經過幾個階段，才會轉為相信——這些階段依序是訝異、懷疑、好奇、興奮。你要始終與他們同在，屆時**懷疑論者可能會成為你最忠誠的支持者**。

●摒除情緒。對於別人所說的話，要抱持好奇心。如果他們發表謬論，你就要利用事實基礎駁倒對方。他們很可能並未掌握實際情況，如果是那樣，你應該分享已掌握的事實，而不要情緒化。這麼做是在你所感受的熱情，與你所需要的邏輯思考之間保持平衡，這兩端若是失衡，你就會失去人心。

六、面對辦公室惡棍，以及你的恐懼。到了某個時刻，你必須應付抗拒者、阻撓者、唱反調者，設法說服他們參與你的使命，或是找尋變通的辦法。在你跳進戰局之前，要先了解對方。

● 你正在努力嘗試的事很困難。以往嘗試過卻失敗的人並非傻瓜，我們都忘記這點，反而批評這些人**不贊成或阻撓我們。弄清楚他們以前是怎麼做的**，還有為什麼認為當時的計畫失敗了。

● **列出你的恐懼清單，找出激起你反應的因素**。這些因素不外乎：覺得渺小或遭到忽視；認為自己像騙子或沒有價值；充滿不確定和迷惘；感覺失去控制或令別人失望；好像失去自由或自主；覺得無能為力；感覺遭到拒絕或遺棄；覺得自己是嚴重不公平的受害者或見證者。當你找到自己的恐懼時，請拿出好奇心，重新建構那些恐懼因素。

● **善用你的贊助者**。如果能有幾位高層主管與你站在同一陣線，將大幅增加成功的機會。人人都有絕望無助的時候，而你的贊助者能協助你面對恐懼，化解糾結已久的問題。

● 假裝自己一直是矚目焦點。其實你真的就是大家矚目的焦點，哪怕你不覺得自己有充分的勇氣或信心。當你需要吐苦水時，找一位信得過的小組成員。

● 接受未知。你將面對的最大風險是，計畫出錯時無力辨識。保持聚焦在目標上，同時也要保持彈性。你將免不了繞道、走岔路，以便容納其他路徑。此外，很多時候你會犯錯，只要整體的前進方向是正確的，那就不要緊。

備妥退路

你要對抗的是護衛寶藏的雙頭龍：組織抗拒和自我懷疑。這些龍永生不死，如果你奪寶成功，就會接到無數邀請，要你去其他地方再接再厲。記住，英雄很難做得長久，你的贏家光環終究會消失無蹤。萬一不成功，那些龍可能壓制住你，到時候放棄使命是比較好的選擇。不論你的處境是哪一種，都需要規畫好退路：

一、**評估你的危險**。戰爭期間，我們為了戰勝，甘冒生命危險。然而工作不是戰爭，哪怕感覺與戰爭沒有兩樣。**如果你感覺自己快要戰死了**，請慎重考慮離開這份工作。

● **查核警訊**。如果你陷入太深、看不清楚，就請某人出面干預。如果你身心俱疲，請想辦法減輕負擔。如果情況已經超過你的負擔極限，趕快告訴某人並尋求援助，不必為沉船殉難。

● **預定你離開的時機點**。事先決定你在哪一個時刻最好轉身離開，而不是堅持完成使命。回答這個問題：「假如×××發生了，我就轉身離開。」

二、**準備好下臺階**。計畫展開初期，就要請教贊助者，看接下來你有什麼選擇。只把焦點鎖定在今天，固然令人心動，可是要記住，你還有未來得操心。

三、找到你的事業方向。你可能已經發現，超級英雄的工作正好符合你的理想，也可能很慶幸它是僅此一次的經驗。在接受下一次徵召、化身成超級英雄以前，需要先和相關人士說好，以確立別人的期望。

四、遠走高飛。不論成敗，**英雄總是會招來許多明槍暗箭**。你也許拯救了一整個城鎮的男女老幼，但是別人仍然不歡迎你留下來。在你不得不離開以前，先做好可能必須走人的心理準備。**你的經驗在下一個工作地點極其可貴**，對方將會很高興迎接一位戰果輝煌的超級英雄。

巔峰經驗令人疲憊，等到一切塵埃落定，你應該休息一陣子。缺少腎上腺素的生活雖然感覺平淡無趣，但是你必須休養生息，最好的辦法是去度個假，或是做比較例行公事的工作。

利用這段時間反省一下，你有沒有學到什麼關於自身的事？重新累積能量，可能的話，徹底放慢步調。活在當下、放開胸襟、享受生活，這些都是賞心樂事。

此外，在那些對你有更高要求的人看來，這也是一個好禮物。過不了多久，你將會再次投身吃重的工作，到時候搞不好又得化身超級英雄了。

第十一章

逆境的定義

有時候，工作會毫無預警的使你陷入谷底，你沒有做錯什麼，這只是討厭的意外。你在谷底怎麼爬也爬不出去，更無法接受一直留在那裡。你的第一個直覺是辭職，可是辭職對你的事業沒有幫助。於是你在震驚之中苦思對策，無奈屋漏偏逢連夜雨，這時你不巧生病了、人際關係生變、夜不能眠，你不再運動，吃得更多、喝得更兇，沒有一件事順心。

人們告訴你：「要正面思考。」他們一定是在開玩笑！當黑暗力量降臨時，正面思考隨即被拋在腦後，假裝無動於衷也無濟於事。除非你有超能力，否則這下完蛋了。

雷夫十歲的時候，就碰到這種經驗。雷夫俄羅斯籍的母親是新聞記者兼作家，由於報導蘇聯瓦解的祕辛，被當局列入黑名單。當時她又開始製作新的電視節目，揭發政府罪行。她是單親媽媽，只有雷夫這個孩子：

「媽媽遭到威脅，於是申請到西方國家教書和研究。我們來到紐約市，而預定返回俄羅斯的那天，葉爾欽（Yeltsin）[1]遭到彈劾。當時我們正在甘迺迪機場，看到相關的電視新聞報導，所以我記得這件事。我告訴媽媽她可以回去，可是我決定留下來。媽媽平常都鼓勵我勇於發言，而她總會專心聆聽。我這麼一說，媽媽只好不甘願的留下來陪我。

「我們在紐約非法安頓下來，學會克服各種麻煩，例如從流浪街頭，進階到輾轉在別人家的沙發上過夜。我們很幸運，律師決定替我打官司，因為我是年紀最幼小的難民。律師的父親替我們找到一間公寓，還送我去上私立學校。

「可是，就像其他移民一樣，我的情況沒有得到重視，移民文件卡在某處過不了。上大學時，我再度得到好運：前美國國務卿柯林．鮑威爾（Colin Powell）來學校參觀，邀我與他見面。我告訴他，我們的公民申請文件已經遺失多年，之後便立刻接到通知，邀我和母親去接受歸化面談和考試。因為我曉得危機的感覺如何，所以能夠應付它。而**埋頭苦幹沒辦法解決問題，只會讓你因為有事可忙而感覺良好**。」

那就是逆境。危機塑造雷夫的職業願景：他想要幫助其他移民學生，實現更遠大的夢想。雷夫身為大學卓越學生計畫的資深會員，正適合擔負這項重任：

「這項計畫有一百二十個名額，但是有一千八百人申請。許多落選者痛哭流涕，孩子不信任政府系統，而我則證明那個系統管用。他們開始實現自己原先無法想像的未來。

「舉例來說，我接的個案是一位大三的希臘學生，我注意到他的檔案裡，有一些不合邏輯的地方。他的數學和古典文學成績都接近滿分，照理說我們會安排學生參加暑期實習，可是他總是在本地的超級市場打工。我找他討論上研究所的事，他說：『那種地方不是給我這種人去的。』在這場對話中，我打電話給一個鄰居，他曾在牛津大學古典文學系，當了六十年的導師。」

最後，雷夫和鄰居合力說服這個學生攻讀碩士學位，後來該學生還拿到博士學位。

我們都受到成功故事吸引，尤其是弱小的主人翁，以智慧和正直性格扭轉逆境、轉敗為勝的故事。這種逆境常見於戰場，不過一般老百姓也有經驗。以下這些故事能幫助你提高勝算：

---

1 俄羅斯聯邦首任總統，任期時間為西元一九九一年至一九九九年。

● 如何準備好戰勝逆境？瑪裘芮在軍中受過訓練，她學會在戰鬥中迎接逆境，這也讓她為日後的工作做好周全的準備。

● 如何知道自己正處於逆境中？喬夫從經驗中學到，有時候你會忽略不起眼的徵兆，結果一個不小心就踩進流沙當中。

● 當情況爆發時，你該怎麼辦？強納森的新創事業經營順利，沒想到突然降臨一場災難。

● 如何度過煎熬痛苦？薩曼莎與人合夥創辦事業，在她拓展事業的時候，卻陷入憤怒與羞辱的惡性循環中。

● 掙扎求生的真諦是什麼？當工作與生活面臨崩潰時，史考特必須採取行動，否則兩者都將一去不返。

你需要根據自己的痛苦門檻，決定何時是「諸事不順」的逆境。那不是無期徒刑，你終會堅強起來、變得更強大。擁抱逆境可能帶來的美好結果，至少會為你的生活帶來新契機。沒有人說你必須喜歡對抗逆境，可是第一次的危機過後，你會比較容易熬過下一次的危機。

如果你打算繼續工作的話，肯定免不了會碰到下一次的危機。

01 如何做好克服逆境的準備

揣摩你被丟入深淵的那一天，
你不會希望自己還未備妥求生工具，就被捲入逆境。

瑪裘芮生在居民大都是勞工階級的小鎮，她十分認同父母給予的價值觀。九一一恐怖攻擊事件後，瑪裘芮選擇從軍，她寧願上前線，而不去讀研究所：

「我姊姊先前從軍，為的是掙錢支付大學學費，柏林圍牆倒塌時，她正好在德國。我還記得七歲那年，看見雷根總統在電視上說：『推倒這堵牆！』（Tear down this wall!）我心想：哇，我姊姊就在那裡耶，這真是了不起！她帶回來一塊牆磚，還准許我摸。這件事讓我相信，我們希望這個世界變成怎樣，就一定能如願。

「那正是我參軍的原因。我們必須替自己與他人挺身而出，我不想枯坐旁觀，而是要成為故事的一部分，因為美國即將改變，每一件事都將改變。」

瑪裘芮在陸軍預備役部隊服役十年，之後獲得拔擢，擔任前線指揮官，常常碰到諸事不順的逆境。舉例來說，丈夫駐外服役十五個月後終於調回美國，他前腳才回到家，瑪裘芮後腳就接到徵召。本來夫妻倆打算生個孩子，這下子瑪喬芮必須收拾行囊，立刻趕往阿富汗：

「我心想，我們難道不能歇口氣嗎？逆境就是你不想在生活中碰到的情況。沒有人想要與配偶分離三年，也沒有人想被告知罹患癌症，或是升遷受挫。只能練習碰到逆境時淡定從容。事情已成定局，再不舒服也必須面對。

「如果在護送部隊、開車時遭到突擊，子彈忽然從四面八方朝你射來，這時該怎麼辦？有人也許會想，這時必須停車，找到開槍的敵人；另一些人則等候支援，再設法離開。可是，我們在軍中所學的，卻是重踩油門衝出包圍。如果你衝出去，活命的機率就會高出很多，雖然有違常識，但這就是保命的方法。」

瑪裘芮退役之後，被一個大型非營利組織的董事會招攬。當了十八個月的主席和營運長之後，她預期自己將會擔任執行長，沒想到卻一頭栽進逆境當中。

「進入這個組織時，我以為自己會待個十年。當初董事會因人設事，我的職位是接班計畫的一部分，因為執行長想在三到五年後退休。不料她隨後把計畫延長為五到七年，顯然罹患了『創辦人症候群』（Founder's Syndrome）。我開始看出嬰兒潮那一代不甘願退休，到處都有例子。她哪裡也不會去，這也代表我必須離開了。我不知道具體時間，可是想要盡可能走得漂亮。

「可惜事與願違——我的生活和壓力都不見改善。但我不想再回去戰鬥，我愛這份職務和我的工作，這與當不當執行長沒有關係，我不需要那份獎賞。」

於是，瑪裘芮選擇離開組織。當她離去時，感覺自己已經戰勝逆境，並朝著服務人群的志業前進。

刻意練習難一點的

擁抱逆境對士兵極為重要——對我們其他人也一樣。揣摩你被丟入深淵的那一天，你不會希望自己還未備妥求生工具，就被捲入逆境。瑪裘芮說：「在你抵達之前，便需要就位。」**體能訓練是良好的準備項目，鍛鍊能同時強化身體和心理**：你會發現自己的能力超乎預期。在工作上，刻意**增加挑戰的難度**，也具有相同的作用。

時時幫自己打氣也很重要。瑪裘芮的情緒落到低點時，收到丈夫寄來一株活的聖誕樹，燈泡、裝飾品一應俱全。她想都沒想，就塞了一些燈泡到口袋裡，跑回她住的貨櫃改裝屋。瑪裘芮說：「那些燈泡提醒我，有人愛著我。當你面對逆境時，要保持頭腦清明，把你的聖誕燈泡掛起來。」日復一日，歲月輕輕鬆鬆流過，可是**一旦碰到逆境，主次差異就變得鮮明起來**；我們會更注意重要的事物，那是好事。

02 別問為什麼發生這問題，先問怎麼解決

詢問有什麼問題，得到的就是問題。
詢問有什麼新點子，得到的會是解決對策。

喬夫因父親遭到資遣，接下來的十年，都苦苦找尋穩定的工作，有幾年他父親完全失業：「那時候我的心態就改變了，明白自己想要的東西（比如上大學），必須靠自己的力量去爭取，此外我也許需要撫養父母。這使我奮力想要出人頭地，想要盡快財務穩定，壓力十分巨大。今天經濟狀況已經有所好轉，我覺得自己擁有不同選項，不過至今依然在償還學生貸款。」

喬夫的出發點，是尋找可以依靠的職業（工程）、成長穩定的健全產業（消費產品），以及有價值、前景好的公司，因此他拒絕十家企業提供的職位，最後找到一份符合自己需求的工作。但沒想到短短幾個月內，管理階層就開始辯論，是否要關閉喬夫上班的那座工廠。人員精簡之

後，第一線主管（包括喬夫在內）都在拚命擴展極限：

「我每星期工作七天，工時高達一百個小時。一開始覺得很刺激，可是當員工陸續離職，大家的工作負擔隨之增加，我心裡覺得很不妙。為了起床趕上班，我設置了四個鬧鐘，每天灌兩瓶能量飲料。情況糟透了，我記得有次當我回家打理自己，準備出門和一名女孩（我後來的妻子）第三次約會時，結果竟然睡著了，完全錯過那場約會。

「下班之後我誰也不想搭理，直接回房間把門鎖上。當時我的體力完全耗盡，情緒也非常低落。我們以前還開玩笑說要帶啤酒去上班，可是現在再也沒有人提議出去玩了，大家都精疲力竭，公司甚至發生一起死亡事故。

「一個朋友提到某個人才招募專家，當時我已經透過人脈，找到內部調動的機會，但我還是去見了這個專家。結果對方說：『聽著，你的事業才剛起步，回你的公司去，多和一些人談談。』我不想聽這些話，我已經找很多人談過了，但是毫無進展。」

受到打擊的喬夫只好另覓出路，他聯繫上公司當年聘用自己的人力資源專員，他成為喬夫的救生索。最後，工廠來了一位新廠長，邀請喬夫加入他的過渡期團隊：

「廠長和生產主任指導我，將目前的情境視為機會，而非沉重的負擔，他們教我退後一步，觀察整體形勢，不要被枝微末節纏住了。他們問我：『**我們可以怎麼做，扭轉這座工廠的頹勢？**』他們使我明白，我手中其實握有可用的工具，改變操之在我。

「他們擬定的第一步計畫，是建立一套清理機器的流程，看起來根本不可能達成，可是他們說我擅長與人打交道，員工會信任我，而我只需要設計合適的流程即可。我花了六個月，才弄好一套流程供機器作業員使用，結果效率大幅提升，這感覺非常棒！

「我知道我們將會發揮重大影響，也知道員工會追隨我。接下來，我早上都精神奕奕的起床上班，到下班時都還覺得精力旺盛，就在我開始成長的同時，工廠也開始有了轉機，生產主任說：『瞧瞧你現在擁有的機會。你完全有能力勝任，頭腦夠聰明、能搞定這一切。』」

那次經驗改變了喬夫的運氣和未來展望，日後他被提拔擔任生產主任。更棒的是，如今他夢想有朝一日能經營自己的公司。

先解決問題，之後再找問題的根源

喬夫當然曉得工廠情況不佳，只是人一旦感覺無助，就不會再努力嘗試，深信不管怎麼做都於事無補。假如你提相同的問題、用相同的思緒、做相同的事情，那就會得到相同的結果。這是給你的警訊：已經到了面臨新問題的時候了。

新廠長和生產主任提出的是有創意、鼓舞人心的問題，將喬夫的思考從問題轉變成解決對策。他們要求喬夫提供點子，然後就支持這支年輕的團隊落實改革。**詢問有什麼問題，得到的就是問題。詢問有什麼新點子，得到的會是解決對策**。這一招真聰明，對喬夫煥發的精力產生近乎奇蹟的效果。

03

有些行為準則不容退讓，列出來

務必確保你的指導原則不只是響亮的口號。

當你面對逆境時，這些原則應該要管用。

強納森從小就被大家寄予厚望：他頭腦聰明，教育良好，而且很早就面對逆境，這是他的幸運之處：

「大學一年級時，我加入曲棍球隊，深受團體影響，接受其他成員認為「很酷」的價值觀。有天晚上我遭到隊友戲弄，喝醉酒、在大庭廣眾下撒尿，惹了一大堆麻煩！真的很尷尬，爸媽和我不得不向系主任道歉。那件事是最好的經驗，它將我一把扯離青少年的自大心態，使我感激學校。我開始把心力放在有興趣的事情上：歷史、種族、政治。

「畢業後，我去一家金融公司上班，承辦政府外包給該公司的項目。後來發生金融危機，我們的小組被解散，我轉調到併購部門。那份工作和同事都很無趣，我記得曾和公司最大的合夥人，一起搭私人飛機去邁阿密，當時只有我們兩個。他眼中只有自己的財富，如果我哪天變得像他一樣，就真的成為魯蛇（loser）了，給我再多錢我也不要！本來我接著打算調去私募股權部門，現在明白那不是我想做的，便決定離開公司。」

強納森和友人，合力創辦一家創新數位媒體公司。三年之後，他們碰到始料未及的逆境。這家公司的第二名員工，一直抄襲他人文章，倘若不是打從公司成立之初，這位員工就付出血汗與淚水，強納森必然會直接開除他：

「我曾疑惑，他是怎麼在一個小時裡，寫出三篇文章的？不過當時我們正重新打造這個行業，甚至在一小時內嘗試一百種東西。隨著公司越來越認真，樹立更多標準，他開始剽竊、撰文、不標明原文出處，還刻意掩飾它。

「我覺得該對他的所作所為負責，他和自家兄弟沒有兩樣。其實他這種行為的破綻很多，可是我沒有花心思在上頭。問題是，過程中他嚴重傷害了其他四十個人，所以我最後開除他。

「那個週末我覺得很糟糕，我沒有把握該如何恢復公司信譽，在不確定的時局中，這又會對公司業務帶來什麼影響？我們的財務狀況沒有那麼健全，不能掏更多錢討好記者，因此很難想出下一步該怎麼做。

「我們沒有時間難過，對所有人來說，事業就等於生活。我必須告訴公司這件事，他們也和我一樣震驚。我身為領導人，肩負著公司的能量，如果我垮掉，每個人也都會垮掉。我曉得唯一辦法是拿出求勝計畫來：『這件事我們做得對，現在繼續往前進吧。』」

公司存活了下來，強納森得以加強自身能力，進而領導公司度過下一次危機。

道德失守，你就甭談領導

開除好朋友兼工作認真的員工很揪心，然而公司如臨深淵，做決定的時間有限。星期一早上，強納森就算拿不出妥善的辦法，也必須採取行動。當你面臨逆境時，勇敢衝出去，其他的事晚一點再說。

堅持長期使命會幫助你度過逆境，有趣的是，強納森秉持的指導原則，竟然是他拒絕的投資銀行教他的：**吸引並留住有智慧的人才、永遠不要降低標準、努力工作、與人合作、目的導向**。這些深深嵌在腦子裡的價值觀，輔佐強納森（與公司）度過危機。

務必確保你的指導原則不只是響亮的口號。當你面對逆境時，這些原則應該要管用。指導原則存在的意義是驅策日常行動，尤其是情況「異常」的時候。所以，如果你仍未擁有任何指導原則，就從現在開始構想吧。

04 別急著復仇

我們都盼望職場生活沒有痛苦，
可惜這不切實際，所幸時間可以撫平傷痕。

薩曼莎從孩提時期，就想要領導新創事業，高中時第一次達成心願——她創辦一個非營利事業，協助弱勢兒童。即使在那之前，薩曼莎就已經培養了創業家的技能：

「我們從德州搬到西岸，九個月之後又搬到東岸！那時候我十歲，爸媽很成功的將搬家轉化成一場冒險。我在西岸沒有朋友，到了東岸卻很有人緣，我明白這種事本來就難以捉摸又愚蠢，所以那年我徹底改頭換面。

「父母對哥哥和我的教育，使我們認為自己可以完成任何事情，儘管過程不容易。我加入足球隊，隊上的女孩非常討厭我，搞得我想要退出球隊。但是爸媽說服我，堅持待滿那個球季。這讓我學習到應該放手去嘗試，偶爾失敗是難免的。身為創業家，為了達成目標，有時候會在某些事情上跌倒。」

幾年以前，薩曼莎和幾個朋友籌畫網路事業，這事業的概念可以說很先驅，因此受到許多重量級人士喜愛與關注進展。然而，計畫都還沒正式上路，問題就出現了。團隊無法就策略、經濟模式達成一致結論，甚至連網站呈現的樣子和感覺都沒有共識。隨著團隊四分五裂，內部衝突幾乎摧毀薩曼莎：

「人人都知道，這個案子注定失敗，只有內部人員（包括我在內）沒有自知之明。我忽略了明顯的問題，也很不想放棄，其他人先前就告訴過我，一定會發生衝突，可是我覺得我們應付得來。後來出現衝突時，我收到好幾次法律威脅，真的蠻害怕的。我爸媽說：『妳要認真思考，做正確的事。不要挑釁他人，這些都只是威脅罷了。』

「我直到六月才辭職，因為**有天突然發現自己被公司網站封鎖**。在自己帶進來的眾人面前丟臉，讓我覺得是奇恥大辱，也覺得喪失自己辛苦建立的一切，包括畢生儲蓄在內。我寄了一百多封電子郵件向人陳訴此事，我想讓其他人也能了解我的切膚之痛；我不會假裝這個過程迅速、輕鬆。

「**接下來的三個星期，我蜷縮在地板上**，瞪著天花板，不知道該怎麼面對他人。和我共同創業的漢娜幫我度過難關，她鼓勵我擬一份新的事業計畫，把舊團隊的某些人員聘回來。之後，我們開了一場腦力激盪會議，塑造一個新的品牌。終於開始有真實感了。」

薩曼莎與漢娜實際推動那項新計畫，創辦的新事業不到一個月，就壓過舊公司的績效。到了第三個月，事情越來越順利。四個月後，薩曼莎的自信回來了，對於公司執行長和共同創辦人而言，自信心至為關鍵，她明白他們將會成功。

受了委屈，然後呢？

這是一則關於損害已經造成，但當事人勇敢衝出逆境的故事。可是我們不要淡化此事：薩曼莎蜷縮在地板上的困境形象，挑起她羞辱、絕望、憤怒、悲哀的強烈情感，只是她最終依然戰勝了。薩曼莎坦然接受損失，因此能夠繼續前進，終至康復。定好下一個目標之後，她的精力一波波回來了，競爭精神也隨之勃發。

如果你要哀悼這些損失，首先要承認自己深刻的失望，明確定義你的感覺。讓真正的好朋友待在你身邊，他們都擁有你需要的東西：同情、點子、指導、諮商、情感聯結，以及擁抱。**試著抗拒立刻翻盤的衝動，以免在工作中迷失自己**。玩命似的工作會減慢復原的速度，雖然能讓你分心，卻也是一種自我懲罰。**你應該做的是放鬆、養精蓄銳，等你原諒自己和別人**時，傷疤就淡化了。我們都盼望職場生活沒有痛苦，可惜這不切實際，所幸時間可以撫平傷痕。

05 失去事業、婚姻和健康，我怎麼復活？

唯有全方位自助，你才能搞定職場的惡劣情勢。
你必須面對那個最難回答的問題：我為什麼會在這裡？

史考特幼年時就開始對科學與工程痴迷，一輩子沒變過：

「我最早的夢想是當太空人，四歲那一年，太空梭挑戰者號（Challenger）升空七十三秒後爆炸。大多數家長不讓孩子承受那樣的風險，可是我想要當第一個登陸火星的人。

「大學時，曾經獲得諾貝爾獎的科學家理察．斯莫利（Richard Smalley）到學校演講，主張需要發展氫經濟，我非常認同。我想找到永續能源的新來源，來解決人類的問題。」

史考特畢業後加入一家汽車公司，跟隨那個夢想前進。他奉派協助零排放電動車的任務，這種車輛能使用任何能源，而橫在他面前的挑戰艱鉅無比：

「這是一種尖端科技，裡頭有許多新發明和新解決方案的機會。這種技術能減低對石油的依賴，使空氣潔淨一些，還可以對抗氣候變遷。我們把火箭用的東西，改放在汽車上。

「然而，計畫不斷延宕、倒退，我記得這項計畫取消時，我剛好在供應商那裡，有人說：『別灰心，我們得花一輩子的功夫去開發這個。』我一面覺得興奮、一面也感到惶恐，現在經濟正衰退，我不曉得該何去何從。假如我跟人家說，我是氫燃料電池研究員，對方會說：『那是什麼玩意兒？』因此，我**為了家人犧牲了自己的夢想**。」

史考特轉換新職，擔任動力總成（power train）[2]和製造部門之間的聯絡橋梁。三年後，他精疲力竭，陷入逆境的他除了正面迎戰，別無其他選擇：

「**扮演中間人的壓力很大，我好像被人左右開弓重擊**，連在家裡都感到緊張，因為養家的壓力全都落在我身上。本來想趁冬天生日時度個假，可是妻子叫我一個人去。我體重上升，上班時恐慌症發作、回家後壓力沉重，為缺錢苦惱。醫生交代我節食、運動、接受心理治療，而心理治療師告訴我要節食、運動，嘗試呼吸技巧。

「上頭督導非常倚重我，可是我必須另謀去處。我開始尋找內部職缺，職場導師邀我替他工作，然後我**檢討自己的時間安排，以及想要全力投入的幾件事**：賺大錢養家，之後攻讀工程碩士學位。此外，我也決心改善健康，告訴自己每天都要運動、不再外出午餐，改為走路健身、在辦公室吃三明治果腹。

「我真的想過要自殺，後來是對孩子的愛阻止我走上絕路。另外，還要深深感謝我的心理治療師，儘管我們習慣單打獨鬥，可是每個人偶爾都需要幫助。」

史考特找到更好的職務，有了更多收入養家，還順利拿到學位，他的健康和身材都恢復了。然而，這段黑暗時期並沒有使他和妻子的感情更穩固，兩人反而以離婚收場。史考特走過一步又一步痛苦的道路，慢慢回歸原來的生活。

逝者已矣，然後呢？

史考特努力衝出逆境，但是並非一蹴可及，也非一夕而成。所幸他還有常識，知道尋求協助——醫生、心理治療師、體能教練。這些人受雇來告訴你真相、協助你面對逆境，當你身陷泥淖，連自己都看不見時，**花錢請專業人士出馬**，可以發揮極大作用。

你必須面對那個最難回答的問題：我為什麼會在這裡？史考特有願景、有目標，一小步、一小步前進，逐漸完成多項重要的里程碑，比如跑馬拉松、申請專利、重建自尊與自信。**他的第一個夢想已經像一縷輕煙般消失，現在他又塑造出新的夢想**——製造對人類、對環境更安全的汽車。他也沒有放棄那個關於太空的夢想，他說如果自己能活到八十歲，就要籌錢買一張票，搭火箭發射器去太空旅行。

2 廣義上指在車輛上產生動力，並將此動力傳送到路面、水面或空氣中的一系列元器件的總和。

06 「加油」無法帶你衝破逆境，要懂方法

衝破職場逆境需要恆毅力（grit）[3]，這點可以從許多關於面對逆境的俗語看出來：厭世版的「你認命吧」（Suck it up.）、諷刺版的「苦笑忍耐」（Grin and bear it.）、單純版的「要像個男人」（Man up.）、焦慮版的「咬緊牙關」（Grit your teeth.）。這些說詞大同小異：既然時間會平復一切，只要撐過去就好了，到時候如果你還站得住，就熬過來了。

然而，這些忠告根本幫不上忙，我無法想像要告訴十歲大的雷夫「認命吧」，雖然他確實很英勇；瑪裘芮連續好幾個月陷在逆境中，忠告她「像男子漢一樣忍耐」，豈不是太欺負人了？喬夫的確咬緊牙關忍耐，但是毫無幫助；強納森和薩曼莎遭到打擊時，建議他們「苦笑忍耐」實在太殘酷了；至於史考特，認命恰恰是他最不應該做的事。

我很確定一件事：你遲早都會碰到逆境，而且無法選擇時間、地點。如果你一碰到逆境就辭職，將會喪失學習的機會。最好還是為了學習，先留在原地，之後再決定下一步怎麼走。希望以下這些建議能幫助你。

逆境總是突然造訪，沒事就做好準備

為始料未及、可怕的職場逆境做好準備是值得的，哪怕你根本不曉得那將是什麼樣的逆境。你要準備培養信心與自尊，準備充分的話，就可能勝出：

一、認真從事體能訓練。體能訓練教你應付身體方面的不適，也幫助你看出自己的極限，並不如原先想像的低。如果你是鮮少運動的人，請耐心一聽：我不是叫你去健身房，而是建議你學習挺身面對挑戰。**找一項你感興趣的運動來訓練**，試試看跑步、自行車、登山、瑜珈……什麼都行，關鍵是找出你**願意當下專心去做，也願意忍受一些難度的項目**。然後，你可以設定一個刺激、遠大的目標，最好是你自己也不確定能否達成的。一旦完成之後，你將會變得更強壯，更有能力應付壓力。

二、利用日常挑戰來準備。你面對**形形色色的日常危機，恰好是訓練的絕佳來源**。不要把這些挑戰視為討厭的事，而要把它們想成「小型逆境」經驗，幫助你準備好應付真正的大挑戰。

---

3 安琪拉·達克沃斯（Angela Duckworth）是恆毅力方面的專家，鑽研如何利用心理科學幫助兒童成長。她定義恆毅力是熱情與堅毅的綜合體。其中，「熱情」是秉持目標，而不是熱烈的情緒，一旦動手就得要完成目標才能罷手。有興趣的話，請閱讀《恆毅力》（Grit）。

●以新角度看待每天的紛擾。如果你家有幼兒，這是磨練你的好機會。孩子提供非常好的訓練，不過與配偶、父母、朋友、寵物的互動，也會使你做好準備。你有無數機會可以練習如何保持冷靜與警覺，把焦點鎖定於解決對策，而不要任由無關緊要的瑣事讓你分心。

●練習在自己的舒適圈外生活。去度個冒險假期。你不必參加《我要活下去》（*Survivor*）真人實境秀或《驚險大挑戰》（*Amazing Race*）之類的競技節目，但是也別只是去海灘走走，而要做一些比較瘋狂的事。愛探險的人最推薦的項目，包括急流泛舟、浮潛、攀岩、野外求生。不然，你也可以嘗試全新但較為安全的經驗，挑一處感興趣的地點，並感受當地陌生的氛圍。

●工作上刻意來一次超越極限。設定一個不輕鬆的挑戰，有助於你在工作上超越自己的極限。舉例來說，以建立人脈為大膽目標，然後卯盡全力去實現——你的目標是成為企業聯絡專才，當別人心目中幹練的聯絡人。

三、練習正念。哪怕一天只練習短短幾分鐘，就能幫助你培養警覺性與專注力。雖然這是日常練習，但其實碰到危機混亂時刻，也能派上用場。

●採用自己喜愛的正念方法。如果你每天早上或晚上都練習，就比較容易保持警覺與鎮靜，萬一靜坐實在不管用，試試看其他替代方式，比如每晚睡前禱告或反省也有效果。

●設計自己的正念訓練。這方面沒有萬靈丹，不管在哪裡，幾乎都可以進行正念練習。就拿上班的路上來說，通勤時應該摒除一切令你分心的東西：不要閱讀、不要講電話，也不要忙著列清單，只要專心蓄積正念即可。假如你的情況不適合這麼做，就試試別的方法。有些人趁走路或慢跑時冥想，另一些人會屏氣凝神的喝下一杯水，慢慢體會喝水的感受。假如你把注意力都放在一項活動上，就算只是凝視窗外也能奏效。關鍵是挑選一個焦點，每次注意力開始游移時，就重新聚精會神。

四、找到自己的情緒支柱。**遇到情況時，你要打電話找誰**（可惜沒有哪一路神仙，能幫你逃出逆境）？**現在起就開始找齊幫手，決定哪些家人、朋友、同事屆時不會評斷你，不會說風涼話**：「我早就跟你說過了。」而會站在你這邊支持你。試想，當你碰到逆境時，誰將成為你可以倚靠的對象，現在就開始加強與對方的關係。

五、準備好扮演領導角色。當你面對逆境時，總是要有人領銜擔綱，我希望你能挑起這個責任。加強下面這三項能力，為那一天做好準備：

● 技術。領導人需要開創計畫、做出好的決策、為結果擔負責任、有效授權。務必從第一手經驗中，獲得這些方面的訓練。

● 意義。領導人透過價值觀與願景，替別人創造意義，此外，他們也不隱藏本色，顯得更有人情味。因此，你要**清楚自己的目的，創造願景、促使別人幫助你一起實現**。不要逞強，換句話說，不要把自己當機器人，讓人們曉得你也是有血有肉的。

● 聯結。**把焦點放在其他人的需要上。傳遞你的正面情緒與能量，創造安全的環境，可以打動別人來共同參與**。如果人們覺得你在乎他們，就比較容易投入。想一想，要怎樣呈現自己最好的一面，然後一舉一動都依照那樣的標準行事。

接受逆境

逆境到來時，要坦然接受。唯有這樣，你才能衝破難關，即使身心都在大聲抗議也不例外。你不能妄想按個按鈕，就換個頻道或停下來：

一、不要怨天尤人。你不能制止逆境發生，所以可以碎唸一下，之後該做什麼還是去做什麼。你的憤怒和憎惡並非一無是處，身體因它們而汩汩冒出腎上腺素，但切勿讓它們扯你後腿。負面情緒會使你亂了手腳，就像流沙一樣，將你拽入無底深淵。

● 發洩可以，但以一次為限。對著朋友或家人，把心裡的不快發洩一番，然後就放下吧。除了心理治療師之外，沒有誰肯聽你反覆碎唸五十次。重申我先前的建議，如果情況瀕臨爆炸，也許你需要的，就是一位心理治療師。

● **寫下最刻薄的電子郵件**。收件人那一欄留白，然後儲存，不然就按刪除。把胸中怨氣全部發洩出來，能幫助你緩和情緒。不過，在至少二十四小時內，都不要填寫收件人。冷靜，重新閱讀你寫好的電子郵件，然後大笑一場。這時候，你寄這封信的理由，理論上已經消失了。

- **在家裡準備一本特別的日誌**。將你心裡的委屈統統寫在紙張上，除了你之外，任何人都不會看見。

二、評估情勢。**先搞清楚你究竟是不是真的陷入逆境，抑或只是讓你比較不舒服的狀況**。你是處在危機模式？無力學習？還是無力成長？真的嗎？這些問題都可能導致工作逆境，卻不見得需要離職。

- 提出問題。你忍受得了眼前的情況嗎？你能適應嗎？儘管出現嚴重的不適感，你有沒有達成自己的發展目標與影響力目標？想要衝出逆境，大概需要多少時間？試著了解一下：**哪些問題是暫時的，哪些是長期的**？為你的痛苦程度打分數，從零到十分，**十分代表完全無法忍受**。
- 請教專家。聽聽別人對眼前情勢的看法是否與你一致，如果有你能採取的行動，也先蒐集專家的忠告，再決定如何進行。另外，也要看目前的情勢能否緩和。
- 恢復元氣。你健康嗎？人際關係穩定嗎？你有沒有致力於工作以外的活動？整體來說，你對目前的工作狀況滿意嗎？盡可能沉著冷靜的面對此情況。

三、將心態調整到能夠做決定。**否定逆境存在是很自然的事**，可是除了浪費時間以外，並無好處。即使時間因素並非存亡的關鍵，你也應該善用時間，**將心態從受害者轉變成主動出擊**。反正既然已經深陷逆境了，那麼你能掌控什麼？

衝破逆境

衝破逆境，意味著你主動掌握自己的現況，採取領導行動。顯然同一套建議，不可能適用所有情況，可是某些共通之處的確能發揮助力：

一、對外求救。尋求你需要的支援，換句話說，走出你的房子或辦公室，因為你最想孤立自己的時候，正是最需要爭取外援的時候。如果你的工作屬於單打獨鬥的類型，此刻就不能孤僻，找你的主管或其他資深同事談談，他們擁有的知識和外交手段，能夠幫助你衝出難關。

二、過好每一天。日常工作中能夠努力的地方，超乎你的想像。

● 設定合理的每日小目標。條列待辦事項清單之餘，莫忘良好的出發點。比如找出目前這個糟糕狀況的光明面，建立積極心態，從「今天我會努力不要和人吵架」，轉變成「我了解、也欣賞同事的長處」。使用哪些字眼，效果差別很大。

● 按部就班。首先找出立即可行的解決辦法，至於最後不得不採取的手段（辭職），現在先擱置不談。平行調動或臨時任務也許能將你拉出逆境，萬一你申請內部調動卻遭到拒絕，就是該離去的時候了。如果真的走到那一步，切記姿態要優雅。

三、維持穩定。你陷入逆境的時間也許很短，也許長達數月。假如是後者，你必須找到方法維持穩定，因為衝出逆境，需要額外的精力。

● 密集鍛鍊。身體精疲力竭有助於消散憤怒、憎惡之類的負面情緒，腦內啡的分泌會增加滿足感，幫助你從否定心態轉變成接受事實。運動時務必全神貫注，如果你負擔得起，不妨找一位教練。如果時間很有限，繞著住家走幾圈也行，不過走路速度要快，雙臂也要大幅擺動。如果天氣不好就爬樓梯，爬到你累了為止。注意自己的心跳，以免超出負荷，然後慢慢走下樓。

● 攜帶一樣有意義的小東西。思考一下，你有什麼東西可充當「聖誕燈泡」，提醒自己有人愛著你、珍惜你。雖然聽起來有些做作，可是真的管用，所以還是接受吧。

● 重建你的靈性能量。有些人尋求宗教慰藉，信仰使他們更容易接受逆境。另一些人從音樂、詩歌、大自然中汲取性靈復甦的力量。不論適合你的是哪一種，記得將它安排進每日、每週的例行活動。

● 每天晚上練習感恩。找一本筆記本，專門用來練習感恩，每天寫下一則讓自己當天覺得感恩的新事物，而且要寫具體事由。為了搜尋值得感謝的事物，你的大腦會因此保持靈活。

說來奇怪，嚴酷的環境具有耗損、摧毀的力量，卻也能幫助我們大幅成長。我們不想要可怕的經驗，明明沒有做錯什麼，卻一腳踩進逆境，還好它確實有光明的一面。當我們似乎在職場上喪失一切時，其實依然有能力在谷底成長，碰到這些時刻就要更花心思，將日子過得更充實；眼前的機會，或許能激發出最出色的表現。

當你發現自己處在逆境中，別搞砸這個讓你發光發熱的好機會。

第十二章

目前的工作不再有吸引力，我該轉向還是堅持？

人們覺得工作不值得時，就會失去興趣，開始把上班當作例行公事，對工作敷衍了事、怠惰懶散。他們感到悲哀、抑鬱、枯竭，有些人因而辭職，另一些人則慢慢變得像化石一樣。當你發現自己**抑鬱不振，乃是改變的大好機會**，一旦陷入谷底，唯一的去路就是向上攀升。

就拿威廉的故事為例。來自西岸的他，夢想在紐約時尚業大展鴻圖，而他畢業之後，在一家時尚雜誌工作，實現了這個夢想。然而，威廉的親身體驗卻比電影《穿著 Prada 的惡魔》（*The Devil Wears Prada*）更不堪，眼看毫無成長空間，便辭職另謀高就。

從那時開始，他先進了時裝設計業，然後在美容這一行安定下來。儘管美容聽起來時髦又貴氣，但是威廉再度遭遇難關，他被指派負責一個知名美容品牌，卻感覺這份工作不太值得：

「在此之前的工作，可以讓我表達意見，品牌可以說是我的產品、我的觀點，我也能和高層主管、廣告公司保持雙向溝通。可是到了下一份工作，這些都被徹底剷除，我這種層級的人**不准發聲，他們認為我太資淺**，不能和廣告公司對話。他們開會時，我甚至必須站著！

「那真令人灰心。不論我上不上班，公司都會正常運轉。他們告訴我，如果想在這裡混，就必須百折不撓。我以為自己已經有心理準備，但還是很難熬。」

威廉強調他不想壟斷意見，只是想要表達意見：

「我們在學校裡學習發揮影響力，這可不是陳腔濫調吧？你辛苦工作三十年，然後有一天當上主管，這就夠了嗎？我的看法是，如果你雇用我，就是對我的說法和意見感興趣。有人說過：『我不在乎你的身分，我只在乎你的表現。』我很愛這句話。我對工作的參與感越深，就感到越快樂。我希望別人聽見我的觀點、我引用的數據，並且雙向溝通。

「我的看法是，如果我不學習這些技能，那麼出風頭有什麼意思？二十來歲的人就像海綿，我最需要的關鍵就是學習。如果不去體驗、不高聲說出自己的意見、不去觀察，那就不叫學習。我只能忍受一年，甚至不到一年。」

威廉曉得必須超越別人對他的期望，才能贏得開口爭取的權利。話又說回來，他希望自己有用處、覺得屬於這個群體，否則自己和他人有什麼差別？聽起來不太勵志，對不對？

很多情況會令人喪失動能，不過誠如下面這些故事所說明的，你仍然有選擇：

- 你要如何盡量利用眼前的情況？夏洛特被一項延宕的專案套牢，於是她決定採取行動。
- 什麼時候你該靜待結束？艾略特喜愛出版業，但卻無法突破眼前枯燥的工作階段。
- 新鮮感消退時，你要如何保持投入？蓋瑞每次開始一份新工作時，都感到很興奮，可惜這種感覺都不持久。
- 你如何知道什麼時候該離開？埃杜艾爾多以為自己找到一份很棒的工作，可是過了十八個月，早上起床上班變成大問題。
- 當再也受不了在公司多待一天，該怎麼辦？史黛西瑪芮透過糟糕的方式，得到這個答案。

以下這些故事中的主人翁，全都面對模糊不清、無法確定的情況以及變革，還有一些情況是組織本身改變了。無論如何，這不代表你應該遊手好閒。

你也是改變的一員，反正再怎麼不濟，總是可以遞辭呈，可是在走到那一步之前，何不花一點時間，弄清楚你是誰？你真正想要的東西是什麼？否則你只會去其他公司、再找另一份工作，結果發現和你剛離開的那份工作驚人的相似。要不了多久，你就會覺得自己的問題和過去的極為類似。

01 被喊停、遭冷凍，先找上司尋求內部調動

你必須想辦法找出組織內部的替代方案。和每個人聊聊，打聽有哪些可能的新職務和機會。

夏洛特的成長過程中，不乏突如其來接到噩耗的經驗，第一次她還很小：

「我三歲的時候，爸爸從爺爺手中接下家族事業，十二年後，他因為詐騙銀行而惹上官司，進了聯邦監獄服刑。由於爸爸將自家的資產，和公司資產合併在一起，使得我們失去一切。

「媽媽重拾會計專業，拿到註冊會計師執照。我們每個星期都去監獄探望爸爸，最困難的部分是他出獄回家的那段時間，過了好幾年，我們的生活才恢復正常。

「我出去工作幫助家計，體認到除非自己有一份職業，否則人生根本沒有意義。我還體會到與人建立深刻關係、明白誰在乎自己，有多麼重要。我就讀的學校提供我和妹妹獎學金，我始終

沒有忘記老師說的話：『人們對你們的期望很深，所以我們才替你們姊妹做這些事。』這番話鞭策我不斷努力。

夏洛特在政治界待了一段時間，然後拿到企管碩士學位，去幾家小公司體驗一番後，便進入一家大公司，發展自己的業務技巧。五年後，主管要求她協助推出一項新的收益流（revenue stream）[1]，夏洛特欣然接受，然而過了一年，她已經喪失當初的熱情：

「每個人都支持這項新業務，我們奮鬥了六個月，然後上級突然告訴我們，由於部門即將分拆出去，所以必須暫停這項業務。更令人吃驚的是，我們停擺的時間非常久，我的工作在接下來的九個月被凍結，沒有重啟時間表，所以我只好在公司內部尋找，看有沒有新專案或新職務。」

專案擱置的時機糟到不能再糟，三十三歲的夏洛特一直想生個孩子，她假設工作情況穩定，將有助於她休完產假後，回來繼續任職：

「我找人打聽該找什麼工作、需要培養什麼技能。我每天晚上都寫日記，**思考我是誰？我的位置在哪裡？想成為什麼樣的人？我的人生定位是什麼？**她深思後，向主管提出調動申請。主管和上級商量之後，說他們不要我去做那些事，她給我一個為期八週的計畫，我如期完成。

「然後，我又嘗試調到另一個職位，這次碰到政治阻力，內部的人不想讓我轉出去。我尋求職場導師協助，找出不會礙別人的眼、又能幫助我成長的選項。我和每位高層主管商量，想要讓對方答應，這種感覺就像開碰碰車一樣，那是我第一次對工作感到非常不開心。

「這使我睜大眼睛注意外面的機會。我很滿意當團隊的一員，可是九個月實在太長了。我也去別家公司面試，看自己是否能適應對方的文化，以及在那裡上班能否感到快樂。我想知道跳槽是不是個好選擇。」

最後，夏洛特去了一家消費者服務公司，協助推出新業務，上班後第一年，就獲頒總裁獎和公司的創新獎。回首前塵，夏洛特對當初的決定十分滿意；展望未來，她的第一胎即將誕生。

不願被喊停，就得自己動起來

當手上的專案喊停時，夏洛特耐心等待。可是她看不到事情有轉圜的跡象，便雇用一位職業諮商師，以便了解這件事的問題是出在她個人、公司，或純粹是時機不對。同時，她利用這段時間深入認識自我，結果發現她的專案既非核心事業，也不是公司優先發展的項目，這使她提不起勁。

你必須靠自己，尋找組織內部的替代方案。可以和每個人聊聊，打聽有哪些可能的新職務和機會。如果那樣的機會不存在，向更遠的地方尋找就對了。但記得在比較選項時要謹慎，弄清楚自己究竟要找什麼。

夏洛特想要在一個重視社群、歸屬感、態度開放、方向明確的文化裡，獲得專業上的成長。詳細檢視過外部的每個機會後，夏洛特才下定決心打包離開。

1 公司從每個客層所產生的營收。

02 既然沒有人擋著你升遷，你何必跳槽從頭來

沒有人阻止你原地成長，

萬一有的話，那就趕緊撤吧。

艾略特的爸爸原先是廣播公司廣告部門的高層主管，卻離開這份前途看好的事業，改行去當牧師，這項決定對艾略特的人生起了重大的影響：

「爸爸的同事都認為，這樣做冒了非常大的風險，可是金錢不是最重要的——從事對你有意義的工作才是。父母雖然沒有很多錢供養我們，可是我們也沒有挨餓或只夠溫飽。

「我打算進新聞業，大四那年，學校的職涯部門提供機會，讓我申請去一家出版社工作。我沒有想過要出版書籍，可是到了那裡後，卻愛上這份工作。編輯一本書，然後看它成為暢銷書，是一件非常有趣的事。幾年前，我們出版的一本書賣了一百萬本，眼看那本書狂賣，證明我那份

枯燥乏味的工作並非一無是處。只不過，我實在看不出它有什麼前途。」

書本大賣的興奮感固然美妙，卻無法持久。兩年後，公司重組，員工的升遷時間遭到延後。那段時間很艱難，對艾略特來說心情彷彿鐘擺，在希望與絕望之間擺盪。

「我的工作真的很辛苦，要發掘新作家、會見經紀人。我的名片上印著：編輯助理，但大家一定以為我名不副實，既然升遷不了，我便想要辭職。每天上班都像行屍走肉，只要設法不出大錯就行，反正我一向循規蹈矩。

「如果聯繫上某位作家，或是讀到一本精彩的書，我就覺得有希望，這種時刻提醒我還是愛這份工作，也覺得事情終究會有轉機。我的主管每個月都會追蹤升遷的事，可是上級的回答總是：『好，我們知道，我們知道。』我心想，**我的資格明明符合，朋友也都已經升遷了，只有我還是當初進公司時的職位**。我覺得自己落於人後，擔心對自己的事業生涯有負面影響。

「然後，我們迎來年度考績，我以為這次我終於要升遷了，結果沒有，我的主管說：『我努力過了，我會再和他們說說看。』我的妻子支持我度過這一關，她說：『也許他們以後會一次讓你升兩級！』我知道那是不可能的。

「我爸老是說：『不要煩惱如何汲汲營營爬到頂端，只要做好你的工作、在乎這份工作，努力做大家可以信任的人，你將達成心願。』我還是覺得爸爸那種觀點很奇怪。父母教養我們、讓我們讀大學、要我們勤奮工作、相信一切將會順利。沒想到我卻一連做了幾年乏味的工作，不喜歡共事的同仁，對自己手邊的工作也不覺得興奮。」

將近三年之後，艾略特終於獲得升遷，就像他的妻子所料，果然連升兩級，她高興極了。

如果前方無人阻擋，「等待被拔擢」是必要的

等待的過程十分煎熬，你一個月、一個月的苦等，眼看著同事都在慶祝升職，對一個入職不算太久的人來說，等待兩年似乎永遠沒有盡頭。

問題不在於艾略特之後不會升遷，而在於他一直還沒有升職。心情好的時候，艾略特做好職責，獨力發展成長。**沒有人阻止你原地成長，萬一有的話，那就趕緊撤吧！之後，你會很驚訝的發現，做好自己的工作後，竟然能夠成長那麼多。**

等到時機成熟，艾略特感到很驚喜，隨著升遷，他被調去負責公司新推出的書系。艾略特說：「我沒想到自己有那麼大的影響力。十年之後，如果這個書系成功，我將與它一同成長。」

對某些人來說，等待根本不值得，可是艾略特的例子說明，投資時間去等待，成果可能會異常豐碩。

03 新鮮感消退時，別用換工作製造新鮮感

敞開胸懷，機緣可能帶來令人興奮的事物。
一次巧遇中的對話，就可能開啟一扇新門扉。

蓋瑞與父母搬家的次數比別人多很多，他四歲時已經搬過四次家，上高中以前又搬了五次。蓋瑞不會因為搬家而感到為難，他把行李收拾收拾、拎起來就走，這樣的練習，幫助他的職場生活隨時都能動起來，追求新一波創意自由：

「工作開始的時候棒極了！可是我太天真，不明白真實世界裡的創意設計，代表什麼涵義，他們要的不多，但我不斷遭到退件，因為我太前衛、太乾淨、不夠保守。他們告訴我：『我們這裡不是這樣做的。』我感覺自己好沒有創意。

「我最好的朋友已經離開這份工作，他友人的另一個朋友聽說，一家大型零售商有職缺。那

個週末，我剛好和他們在一起，於是星期一早上，我就申請那份工作，對方蠻喜歡我的，所以我抓住機會跳槽了。我想要挑戰自我，喜歡感受到自己有所貢獻，能夠創意成長。

「接下來的三年，新工作滿足了我的創意需求，讓我探索零售業這個領域。可是一旦開始年復一年設計相同的東西，歷史再度重演，工作開始變成負擔。那種感覺又回來了，我像行屍走肉一般，可是又束手無策。如果將工作當成義務，不論對我自己或公司，都是一種傷害。

「每天早上醒來，我都害怕去上班，不斷找藉口在午休時離開辦公室，不然就只專注做一件自己最喜歡的事情，然後趕在最後一分鐘潦草的做完其他工作。我開始想，我不要做設計了，但問題是，我只受過設計方面的訓練。」

隨著新鮮感慢慢消失，蓋瑞必須努力壓抑再找下一份工作的衝動。他原來的夢想是開一家設計公司，擁有自己的店面，而且住家就設在樓上，過著時髦的生活。可是現在他質疑這個夢想，開始半真半假的尋找公司內部轉調的機會。所幸，蓋瑞的主管適時介入，他們給蓋瑞一個新任務，交代他去測試社群媒體：

「我聽見機會的聲音，我想把這個轉變成沒有人料想得到的東西。我的精力通通回來了，對我來說，關鍵字就是『機會』，也就是未知之事。有時候人們會覺得未知很可怕，可是我卻把它看成可能性。

「反正沒有人期待，那麼不管我做什麼，都不可能出錯。我可以說：『我只是和大家一樣去揣摩罷了。』我有探索與設計的自由，不必讓什麼委員會來核准每件事情。沒有人知道社群媒體是什麼，可是我們必須去做那一塊。這個東西很有趣、新鮮又別緻，還附帶一些特權，像是訪問和拍攝樂團。」

拜兩位主管之賜，蓋瑞被臨時委派的職務不斷變革與擴張，因為他們了解蓋瑞需要創意挑戰，此外他的運氣也真是不錯。

「都做一樣的事」？你要先讓主管放心，才有創意空間

蓋瑞每次開始**新工作的那股興奮感**，**總會慢慢消磨殆盡**，他沒有察覺這個模式，**以為解決辦法就是再找一份新工作**。當一份工作欠缺創意空間時，這麼做情有可原；隨著新的創意挑戰而來的彈性與模糊，令蓋瑞精力旺盛。但是**他從未想過**，**以前的工作也可能有新的創意挑戰**。有時候，成長空間比你所認知的更寬廣。

敞開胸懷，機緣可能帶來令人興奮的事物。一次巧遇中的對話，就可能開啟一扇新門扉。一個小機會經過時間的催化，可能轉變成更大的機會。蓋瑞相信任何職業規畫，「期望值」都應該控制在七〇%以下，這樣才能保留空間、回應新的機會。

有時候看不見機會，是因為沒有注意看。如果你一直沒發現機會，不妨考慮挪到不同的位置——也就是打破你的例行常態，這樣做至少可以發現新視野。

04

該離職的時候，身體最先知道，同事也看得出來

當你找到一份值得做的工作時，一定感覺得到，你的身體最先知道，情緒也會充分反映。

埃杜艾爾多很著迷汽車，想要學習汽車板金，可是父親有不同的期許，於是他成了家裡第一個念大學的孩子：

「我對第一天的印象還栩栩如生，雖然嚇人但很興奮。回顧高中歲月，我才明白自己當初其實有些格格不入，我是書呆子型的人，總覺得周遭環境讓我不自在。到了大學，我才能夠與聰明、勤懇的人結為好友。我想為妹妹樹立榜樣，這樣她們也會和我一樣擁有機會。

「我不知道自己未來要從事哪一行，一位會計學教授建議我，在追求自己的熱情之前，最好先做實務的工作。既然會計這一行最好的出路在紐約，我就去紐約尋找機會。」

埃杜艾爾多找到一份顧問工作，努力做了一年半，可是不知不覺中，他的精力被無法解釋的乏力感取代，他發現他是機器上的一顆小螺絲，讓他覺得自己比較像存貨，而不是活生生的人：

「除了對公司合夥人和執行長有利之外，我看不出自己的工作對任何人有好處。公司合夥人都是好人，我們也合作無間，可是他們偶爾才來晃一下，卻搶走所有的功勞。我知道既然拿這份薪水，就要把工作做好，我也自認辦事能力強，任務都順利完成，可是我就是不想長久做下去，**把手邊需要做的事情解決之後，就不肯多做一些**。我不知道自己為什麼要來上班。

「這情況很不妙，因為我覺得自己讓團隊失望了。看起來他們不在乎我，而我也什麼都不在乎了。我對手邊的工作漫不經心，**大家都看得出來，所以不願意和我合作**。我的狀況很糟糕，為了因應壓力而吃盡苦頭，最後乾脆撒手不管了。」

然後，埃杜艾爾多被指派，從事一項令他興奮的新專案，他又開始努力工作，但程度不足以改變他的績效紀錄或前景展望。主管問他為何績效不彰，埃杜艾爾多說他之前生了一場病，其實這麼說也沒有錯，因為那確實讓他意志低落，胸中的熱情被澆熄了：

「很難說清楚，你是怎麼知道自己入錯了行。有一天我醒來，問自己：我在這裡做什麼？於是我開始積極研究科技公司，非常努力的想辦法，這是我的最後一搏。

「最後，我想要跳出這個環境。我反覆思考過待在原地、繼續追求發展的可能，當我碰到大學實習的科技公司裡的人，得知那個行業簡直是新的探險活動，變動如此迅速，我認為自己再不進入那個領域，就會錯過更多東西。我父母覺得我瘋了，可是我依然違逆他們的忠告。

「如今，我同事都真心喜愛自己的工作。我們都很聰明，可以輕易離職、在別的地方另外找到工作。可是，我們都選擇留在這裡，因為能夠幫助別人體驗這個世界，是件很棒的事。」

轉任新職之後三年，埃杜艾爾多依然有旺盛的好奇心和投入感，而且興致勃勃，他很高興自己換了工作。

工作品質也許OK，「病狀」出在態度

休息和新任務減輕了埃杜艾爾多的乏力感，卻無法完全消除，這肯定是一項警訊。然而，要走要留，還是很難抉擇：留下來，他將會繼續發展、升任主管、獲得加薪，而且有潛力跳槽科技業。埃杜艾爾多的父母希望他留在原來的公司，可是他自己傾向趁早跳槽。

為什麼？**線索在於他的精力**。現在這份工作，讓埃杜艾爾多感到疲憊。反之，當他參加科技圈聚會、訪談那個領域的員工時，他的精力明顯回升。有志向、自覺受重視、共事同仁皆志同道合、強烈的歸屬感，這些感覺所激發的**正面情緒**，是他的第一份工作所欠缺、而第二份工作都具備的。如今埃杜艾爾多志氣遠大，夢想未來要開一家小型科技公司。

當你找到一份值得做的工作時，一定感覺得到，**你的身體最先知道，情緒也會充分反映**。仔細傾聽你的身體與情緒，如果常常感到疲憊、無精打采，那就回頭檢討基本面，也就是你對工作和生活的志向，藉此重新找回旺盛的精力。

05 當你的原則遭到踐踏時

舊的工作模式——全心全力投入以換取有保障的環境，已成過眼雲煙。這不是壞事，反而是一種解脫。

史黛西瑪芮從小在千里達長大，從母親身上繼承到旺盛企圖心，渴望從事有意義的職業。母親以前是金融專家，可惜史黛西瑪芮的父親，逼她待在家裡照顧孩子：

「我看得出來她有多討厭待在家裡，感到多麼悶。本來白天父母都不在家，後來媽媽辭職回到家裡，整天嘮叨我們，但我們全都無所謂。這件事教會我思考優先順序。我不會因為樂在工作而感到抱歉，因為和家人在一起時，我把心思全部放在他們身上。我選擇不生孩子的一部分原因，在於我對外面的挑戰更感興趣。」

史黛西瑪芮成為記者，然後逐漸升到報社裡一個新創事業的編輯，上級給她三年的時間證明可行。不料十個月之後，管理階層決定裁撤這個新事業，史黛西瑪芮尚未接獲通知，消息就被某人洩露給另一家報社，她氣炸了：

「我暴跳如雷，便寄了一封措辭嚴厲的電子郵件給高層主管，說：『如果你們只是針對我，我不在乎，可是你們這麼做，波及到我的團隊。你們認為媒體造勢，比員工的生計更重要？』我不後悔這麼做，因為我向來憎惡這種文化。

「頭一件事也是最重要的事，是確保團隊裡的八個成員都沒事。我幫每個人找到工作，他們都很好，不過我仍然覺得非常憤怒。我明白這樣加入另一個組織並不健康，其實我不滿的不是這件事的政策，而是處理方式。我的主管不願意出面抗爭，既然你待我們最惡劣、又最快炒我們魷魚，那麼我們何必對你效忠？**然後我就辭職了，所以不是被資遣。**」

史黛西瑪芮壓力過大，不但閃到腰，還幾乎天天犯偏頭痛。當時她覺得很糟糕，可是到頭來，那段經驗卻讓她因禍得福：

「我沒辦法完全脫離工作，總是費盡心思要出人頭地。在我們老家，人們看重的是讀什麼學校、在哪家公司上班，所以我必須弄清楚，史黛西瑪芮這個人，和冠著耀眼頭銜的史黛西瑪芮，兩者有什麼分別。這個問題被硬生生塞到我眼前，當人家問：『妳做什麼職業？』我卻不知道如何形容自己。我心想：我要想辦法找到答案。

「我去參觀美術館、做瑜珈、自製果醬、做番茄罐頭、寫作，也花很多時間閱讀。我的丈夫當時在千里達和海地工作，他很體諒我、支持我。雖然孤獨，可是我能接受自己孤獨的現實。之後我逐漸了解，我很擅長解決異常困難的問題。」

後來史黛西瑪芮拿到補助，進研究所攻讀新聞學位，又回頭當部落客，撰寫關於媒體、科技等的文章。精力回復的她，一頭栽進時事議題中，抒發狂熱的正義感。

你重視的事物轉瞬間被棄如敝屣，然後呢？

裁撤事業、資遣自己聘來的員工、捲舖蓋走路——這經驗差勁透了！你該允許自己生氣。你活該嗎？當然不是！你被欺負了嗎？肯定是！**當你的原則遭到踐踏時，這家公司和這份工作就不值得了**。不過既然已經結束，現在你該收拾好自己，從頭再來。

終身雇用的美好時光一去不返，大公司和新創公司倒閉的例子屢見不鮮，全球化競爭激烈無比，例如某家公司打敗你服務的東家。舊的工作模式，也就是全心全力投入，以換取有保障的環境，已成過眼雲煙。這不是壞事，反而是一種解脫。社會契約正在改變：你不需要放棄完整的自我，相對的，工作也不再給你保障，不提供穩健的事業道路。

不過，工作依然應該為員工提供正直感、價值觀、挑戰、專業成長，以及有競爭力的報酬。同樣的，員工也依然努力符合或超越公司期望的績效，力求得到公司的接納。在這種新世界秩序之下，從工作中得到需要的東西，將成為你的責任，然後你就該盡到工作合約上載明的義務。

06 癥結要解開，否則換頭路依舊問題重來

假如不是為了五斗米，沒有抱負的工作根本不值得賣力，你很快就不想起床去上班；**每次有人提出某個點子，你立刻看出它的瑕疵，於是對話也進行不下去了，這樣一來，別人轉身而去，而你一個解決辦法也沒有**。這時候辭職似乎是唯一選項，可是你卻連這個也提不出來。

這真叫人心灰意冷。這本書裡描寫的每個人，都有堅忍不拔的意志力，熬過工作上的困境。然而乏力感彷彿迷霧，容易害人失去方向，當你看不清時，又怎能奢望抗爭。

經過艱苦奮鬥，偶爾嘗嘗枯燥的滋味還挺輕鬆的。無聊代表環境舒服，從某些方面來說，頗能讓人放鬆，然而這些故事沒有就此打住。威廉發現自己無法在工作上表達意見，沒有人能信任；夏洛特陷入僵化的模式；艾略特的痛苦得不到答案；蓋瑞欠缺成長空間；埃杜艾爾多孤立自己，陷入惡性循環；史黛西瑪芮被不公平感刺傷。所幸他們都照顧好自己，並且採取行動。

面對這種強度的工作挑戰時，你所掌控的東西，其實超過你自認的範圍。你並不迷惘，也不孤獨，而且還大有可為。

決定是否要等待

為何覺得工作不值得？抱怨、責怪之餘，應該深入探究你的心靈，找出哪些因素是長遠的，哪些是暫時的？哪些超出你的掌控，哪些又是你能控制的？工作上有哪些討厭的部分？還有哪些良好的部分？以下這些問題能刺激你思考：

一、這是我個人的問題嗎？有時候個人身心疲憊、憂慮某事、關係不融洽，都可能蔓延到工作上。如果你就是這種情況，先暫緩處理工作不理想的事，等到你解決其他問題後再說。

二、我想要待在這個行業嗎？如果你大致喜愛自己的工作性質，即使目前的工作很枯燥乏味，仍然值得待下去。

三、我喜歡這家公司的環境、員工和活動嗎？探索這裡的組織文化、程序、領導、員工，以及根深柢固的價值觀。我想要每天在這個地方，花八個鐘頭以上的時間嗎？如果除了目前我所處的谷底之外，這份工作的其他方面大致良好，那就值得繼續留下來奮鬥。

四、這個問題有時間性嗎？如果你信任管理階層把你的利益放在心上，終將認可你的價值，那麼等待是值得的，特別是如果你認同公司價值、使命與策略，那就更值得了。

五、我還有哪些尚未滿足的企圖心、目標、興趣？如果你正在躊躇去留或何時該走，要先弄清楚自己為什麼要離開，離開的目的又是什麼。

六、在目前的職位上，我能滿足需求嗎？想一想，內部調動、變更工作內容、休假或是毅然提出要求，能否幫助我改善目前的職場生活？想像若是目前的界線更動，會讓我對工作產生什麼感覺？

七、有沒有別的東西對你更具吸引力？就像所有的關係一樣，如果你的心另有所屬，那麼留下來恐怕也是種折磨。即使你改善工作成果，一旦出現其他機會，可能就使你搞砸現在的工作，這就是決定性的因素。

做出明確的決定

現在是向前邁進的時候了。不論你決定怎麼做，勇往直前，別猶豫不決：

一、與朋友或職場導師全盤討論。這是個大決定：你的心裡很可能有互相衝突的情緒。你可能感到挫折、失望、憎惡、害怕、傷心、憤怒、愧疚，甚至這些統統都有。找個不會和你一起掉入深淵的人談談。

●爭取同理心，而非同情心。當別人感受到你的痛苦時，固然令你窩心，可是這時需要的是對方的看法，提供你不同的觀點，哪怕與你的相反也不要緊。如果你需要一個擁抱，沒關係，你值得這個擁抱，因為你即將面對困難的時刻。

●慢慢來。你需要花點時間，才能做好這麼重要的決定。如果情況很糟糕，為了保險起見，一定要投入足夠的時間，儘管最後的決定和倉促間做成的決定可能一致，但是慢慢來比較不容易因為一時激憤，做出讓自己永遠遺憾的決定。

二、接受你在其中的角色。你覺得這份工作不值得，其實雙方都有責任，就像一段失敗的關係一樣。這家公司和這份工作，畢竟是你當初自己選擇的，如今關係破裂，你也應該找出原因，了解它對你的意義。

●避免自責和自我懲罰。這麼說來，你出於錯誤的理由，選擇這家公司或這份職務。理由可能是：工作光鮮新潮、你沒有更好的選項、主管和同事看來人很好、薪水很優渥。負責任不代表你必須為此自我鞭笞，那反而是最糟糕的情況，畢竟沒有人是完美的。

●找事情做。找一個能讓你投入、忘我的活動，從中找到復甦的力量。如果你在家中枯坐生悶氣，一點用處也沒有。不必覺得你得時時刻刻面對現實，一項有意思的計畫，能幫助你找回好奇心，使你有成就感，提高自尊心。所以不妨動手蓋個陽臺、學習駕駛飛機、種植蔬菜……。

●從事體力活動。加強自己的體能，可以紓解辭職或恐懼失業的壓力，不妨開始練習跆拳道、慢跑、皮拉提斯（Pilates）瑜珈……什麼都行，你會立刻覺得好起來。

●善待自己。你生活在一個競爭性強、快速變動、無情的世界，很少有人仁慈寬恕的對待你，所以你要在情緒上照顧好自己，尋求我們先前說的那個擁抱。如果因為離開那份工作，惹火了你的母親，那就打電話給你的外婆，或是某位善於關懷別人的朋友。

三、啟動你的人際網絡。請不要等到決定辭職時，才想到要創造自己的外部網絡。即使你的性格極為內向，也需要朋友；透過朋友能交到更多朋友，這正是實踐六度分隔理論的好機會。

●趁早開始聯絡友人、親戚、大學校友、工作上的熟人。你在找工作的時候，比較難建立人脈。人們對絕望的氣息很敏感，所以你必須在需要幫助之前，早早就打通關係。

●進行有意義的聯結。很多人建立人脈的方式，是滔滔不絕的推銷自己，發大把名片。你應該重質不重量，接觸隸屬不同網絡的人。參加活動時，認真結識你感興趣的少數幾個人，也許需要經過十幾次互動，才能找到一個你真心想認識的人，一旦發現這樣的人，就應該暫停走動，加深與此人的對話。

四、開始探索你的興趣。如果你沒有及早實驗不同的公司和職業，現在就開始吧。並非人人都立定志向要從事某一行，認識背景截然不同的人、了解他們被自身行業所吸引的原因，或許能被他們的熱忱感染，或許不會。還記得那個神奇的數字嗎？需要一百個人才能開啟新的機會。

走或留——蓄意為之

大部分人遞辭呈時，並沒有提出導致自己離開的問題。可是既然你都要走了，何不趁機試探那些界線？大多數情況，你擁有的彈性超過自己的想像，搞不好反而會得到一份額外的任務或職務，使你感到這份工作十分值得。不過，你開口時的態度要保持敬意，如果你只想獲得而不願付出，聽起來未免太自以為是了。

一、讓別人知道你希望達到什麼成就。澄清你想要的東西（而非讓對方知道你不想要的東西），真的很有幫助。

● 請教他人，評估他們對你個人與目標的興趣高低。請教別人的事業生涯，尤其是與你目前階段最相關的時刻。他們可能給你很有價值的忠告，或是激發你的靈感。對方多半會對你有好奇心，讓你比較容易吐露自己的心情。如果沒有這種反應，也別耿耿於懷，繼續向別人請教。

● 找到其他需要了解你想法的人。職場導師、贊助人、人力資源，甚至你主管的上司也需要知道你的工作目標，明白你打算如何達成那些目標。你應該保持低調，沒有人喜歡自私自利、喜好鑽營、自我推銷的人。如果你覺得處境左右為難，請找一位熟悉如何運作此事的人，請他指導你，或是幫你把話傳出去。

二、將主管拉進你的團隊。如果你的目標有達成的可能性，那麼主管是伸出援手的適當人選。搞不好他認為你很有潛力，最好的辦法就是開口問一問。

● 爭取主管援助。你可能不會喜歡主管告訴你的話，不過曉得自己的位置在哪裡，總是值得的。如果主管認為你還沒準備好升職，或不同意你要求的東西，那麼你應該弄清楚，該如何取得你想要的東西。若是主管同意你的說法，至少你知道，自己並未被自大的心態所蒙蔽。

● 為你與主管之間的關係建立信任感。完成你所承諾的事項，同時要誠摯的對待你的主管。你的下一步是接納，當主管表達異於你期望的看法時，不要出言評斷。等到該你說話時，再委婉表達你想要什麼。

● 與主管分享你不敢透露的感覺與想法。還有什麼別的辦法，可以讓主管曉得你的需求？用莊重的態度表達感受。為什麼要用莊重的態度？因為沒有人會相信，把自己的問題列為第一優先的人。話雖如此，大多數的主管還是希望你成功、幸福（至少表面上開開心心）。

三、騎驢找馬時，也別忘了學習更多技能。儘管目前情勢不夠明朗，還是可以積極發展自我。

●從事高你一級的同事所做的工作。請求主管發派任務，或是自己主動去做，同時還要兼顧你原來的工作。手下的團隊成員越界從事其他任務，會令有些主管感到為難，因此應該先找到主管，把自己的心意說清楚，以免對方誤會你。話又說回來，好主管會希望部屬積極主動。

●學習周遭同事所做的工作。對於你感興趣的職務，不妨主動結識在其位的同事，沒有人會阻止你這樣做。如果你對跨到別人的地盤感覺不自在，那就請對方給你建議，以迴避那種彆扭的感覺。大部分的人碰到別人真心請教時，態度都比較開放，尤其是不涉及犧牲自己的情況。去其他部門拜會時，記得簡短為宜，並務必感謝所有人。

四、敞開心胸、接納機緣。人們聽到奇怪的點子或聯想時，很容易予以否決。請不要這樣做。

●迂迴路線。你所追求的機會，並不是每一項都值得花時間，可是從錯誤的彎路學到的教訓，和正確的轉彎一樣豐富。至於某個彎道為什麼感覺不對勁，因而促使你選擇下一個轉彎，你心裡要保持警覺。

●聽從直覺，暫停腳步。你可能是對的，但還是先擱置那個點子，睡一晚再做決定。問問自己，那個點子有什麼優點？要發揮那些優點，必須符合什麼先決條件？第二天早上，不論你的決定是什麼，至少都已經深思熟慮過。

當你覺得工作不值得，就必須做些改變。決定是否辭職、何時辭職的過程很難受，你根本沒有正確答案，也就是說，辭職不見得是最好的決定。

你需要留意：這份工作之所以不值得，有多少原因出在你身上？先把狀況弄清楚。觀察你身旁的同事，彷彿不認識他們似的。尋找昨天還不存在的探險機會，移除那個無形牢籠上的隱形柵欄。其實你（對自己）的掌控，遠超過你所明白的程度。不論選擇留下來或離去，處境都會比以往更好，因為你將再度付出和得到足夠的時間，使這份工作值得去做。

結語
莫忘初衷——記得你是誰

恭喜你！你已經度過十二項工作挑戰，參考十二組故事與建議，接下來我把責任交給你了。謝謝你接下這份責任，你面對挑戰的經歷，將與本書中的那些例子一樣貼切、一樣重要。

我不是樂觀的傻瓜，也不打算騙你說一切都會有最好的結果。事情往往不會像你期待或希望的那樣發展，可是有一點是確信的：如果你不面對自己的挑戰，那就一定得不到任何結果。

若是不面對挑戰，你將用盡精力、辛苦工作，結果卻是工作越來越枯燥、壓力越來越沉重，自身成長減緩，而你也會覺得憂愁、煩惱、動彈不得。不過不會發生那種情況，你將會面對挑戰，哪怕只是為了體驗更多的職場探險。

還沒準備好嗎？情勢瞬息萬變，你永遠不可能百分之百準備好，不過你已經準備充足了，這才是重點，所以趕快迎接挑戰吧！

有時你會成功、有時壓力會令你喘不過氣來、有時會犯錯，或是考績不如意。也許，有人會害你的生活痛苦不堪，或是阻擋你的去路。你必須非常努力拉攏贊助人，承擔風險會使你焦慮。或許你不是當超級英雄的料，工作上有逆境扯你後腿，或者欠缺你（現在）想要的東西……這些挑戰都有用處。

你知道該怎麼做。首先深入思考你自己那些很難回答的問題，對你的思緒、感覺、心態、風險抱持好奇心，但是不要做價值評斷。評估情勢、探索你的選擇、考慮利害權衡，並請求你的主管、職場導師、贊助人、同事、朋友、家人甚至陌生人伸出援手。做好決定，宣告你的意圖，設立一些目標，然後規畫接下來的一小步、一小步動作。在腦中想像這些步驟。現在你懂了。只剩下一件事該做。

不論你把這個過程講給別人聽、拿筆寫下來，或是身體力行，你都創造了自己的故事。

請創造一個精彩的故事吧！

國家圖書館出版品預行編目(CIP)資料

麥肯錫：在哪工作就在哪成長：目前的工作面臨挑戰或陷入瓶頸，該轉向還是堅持？從徘徊到篤定，你該這麼做。／喬安娜．芭爾許（Joanna Barsh）著；李宛蓉譯. -- 二版. -- 臺北市：大是文化有限公司，2023.06
368面；17×23公分. --（Biz ; 418）
譯自：Grow wherever you work: straight talk to help with your toughest challenges.
ISBN 978-626-7192-66-5（平裝）

1. CST: 企業領導　2. CST: 組織管理

494.2　　111017491

Biz 418

麥肯錫：在哪工作就在哪成長

目前的工作面臨挑戰或陷入瓶頸，該轉向還是堅持？從徘徊到篤定，你該這麼做。

（原版書名：麥肯錫教我在哪工作就在哪成長）

作　　者／喬安娜・芭爾許（Joanna Barsh）
譯　　者／李宛蓉
副 主 編／劉宗德
美術編輯／林彥君
副總編輯／顏惠君
總 編 輯／吳依瑋
發 行 人／徐仲秋
會計助理／李秀娟
會　　計／許鳳雪
版權經理／郝麗珍
行銷企劃／徐千晴
行銷業務／李秀蕙
業務專員／馬絮盈、留婉茹
業務經理／林裕安
總 經 理／陳絜吾

出 版 者／大是文化有限公司
臺北市衡陽路 7 號 8 樓
編輯部電話：（02）23757911
購書相關資訊請洽：（02）23757911 分機122
24小時讀者服務傳真：（02）23756999
讀者服務E-mail：dscsms28@gmail.com
郵政劃撥帳號：19983366　戶名：大是文化有限公司
法律顧問／永然聯合法律事務所
香港發行／豐達出版發行有限公司 Rich Publishing & Distribution Ltd
地址：香港柴灣永泰道 70 號柴灣工業城第 2 期 1805 室
Unit 1805, Ph. 2, Chai Wan Ind City, 70 Wing Tai Rd, Chai Wan, Hong Kong
電話：21726513　傳真：21724355
E-mail：cary@subseasy.com.hk

封面設計／林彥君
內頁排版／顏麟驊
印　　刷／鴻霖印刷傳媒股份有限公司

出版日期／2023年 6 月二版
定　　價／新臺幣 380 元
ISBN／978-626-7192-66-5
電子書ISBN／9786267192795（PDF）
9786267192788（EPUB）